[全訂版]

わかりやすい

建設業の会計実務

澤田 保 著
建設工業経営研究会 編集協力

大成出版社

全訂版の刊行にあたって

　平成18年5月に施行された会社法（平成17年7月26日法律第36号）は、旧商法第2編、有限会社法及び商法特例法に分散していた会社に関する諸規定を一本化するとともに、各規定を現代語（カタカナ・文語体表記をひらがな・口語体表記に変更）に改めた上でわかりやすく再編成し、新たな法典（会社法）として制定されたものです。

　また、最近の社会経済情勢の変化への対応等の観点から、有限会社制度と株式会社制度の統合、機関設計の柔軟化、事業承継に活用できる株式制度の拡充、最低資本金の撤廃、合同会社の新設など会社に係る各種の制度のあり方について、体系的かつ抜本的な見直しが行われました。

　旧商法施行規則の計算規定に代わるものとして、会社法の会計に関する計算等の規定で、法務省令に委任された事項やその他の会計についての体系的で詳細な内容を規定するものとして、会社計算規則（平成18年2月7日法務省令第13号）が、平成18年5月に施行されました。

　これを受けて平成18年7月7日国土交通省令第76号及び同告示第748号をもって、建設業法施行規則の財務書類様式及び勘定科目の分類を定める告示について、次のとおり改正が行われました。

　財務書類様式では、利益処分に関する書類を削除し、株主資本等変動計算書及び注記表が追加されました。

　貸借対照表の勘定科目について、「親会社株式」、「営業権」及び「新株予約権付社債」を削除し、「のれん」及び「負ののれん」が新設されました。「その他流動資産」等を「その他」に、「子会社株式・子会社出資金」を「関係会社株式・関係会社出資金」に、「長期繰延税金資産」等を「繰延税金資産」等に改め、繰延資産等の項目については、財務諸表等規則に従った科目表示にそれぞれ変更されました。また、純資産の部については、「貸借対照表の純資産の部の表示に関する会計基準」（企業会計基準第5号）の趣旨に沿って規定されました。

損益計算書においては、「経常損益の部」等の区分表示及び「前期繰越利益（前期繰越損失）」以降がそれぞれ削除されました。また、「研究費及び開発費償却」を「開発費償却」に、「その他営業外収益」等を「その他」に改められました。

　また、貸借対照表及び損益計算書にかかる注記事項は、新設の注記表に記載することとして削除されました。

　株主資本等変動計算書及び注記表については、会社法により新しく計算書類とされましたので、建設業法施行規則においても別記様式第17号及び第17号の2として規定されました。規定にあたっては、会社法、会社計算規則及び「株主資本等変動計算書に関する会計基準」（企業会計基準第6号）の趣旨に沿って規定されています。

　さらに、平成20年1月31日国土交通省令第3号及び同告示第87号をもって、建設業法施行規則の財務書類様式及び勘定科目の分類を定める告示により、次のとおり改正が行われました。

　今回の改正は、「繰延資産の会計処理に関する当面の取扱い」の公表など、企業会計基準等の変更を踏まえ、経営事項の審査基準の改正と合わせて、所要の改正が行われました。

　主な改正点は、次の3項目です。

⑴　貸借対照表において、「繰延資産」の勘定科目のうち、「新株発行費」が「株式交付費」に改正され、「社債発行差金」が削除されました。

⑵　注記表のうち、損益計算書の注記として、会計監査人設置会社は研究開発費の総額を記載することとされました。

⑶　申請者負担の軽減の観点から、有価証券報告書提出会社については、有価証券報告書の写しの提出をもって附属明細表の提出が免除されることとなりました。

　これらの財務書類様式、勘定科目の分類などの法令等の改正に伴い、本書に関連する部分について改訂する必要が生じましたので、全般的に見直しを行ったものです。

　この全訂版も旧版に増して、建設業にたずさわる方々はもちろん、建設

業会計の入門書としてお役に立てれば幸いに思います。

平成20年3月

澤　田　　保

改訂3版の刊行にあたって

　株式会社について、平成9年5月の商法改正から数次にわたり、商法改正、計算書類規則の一部改正、平成14年6月には、計算書類規則等複数の省令が統合され、商法施行規則として、同年4月1日から施行されました。

　平成10年6月建設省令財務諸表様式の一部改正、附属明細表が新設されたほか、ストック・オプションのために取得した自己株式の投資等の記載及びストック・オプションのために付与した新株引受権の貸借対照表の注記が新設されました。

　平成11年3月の税効果会計の適用等に伴う改正では、建設業法施行規則別記様式第15号貸借対照表及び第16号損益計算書について、税効果会計を適用できるように所要の勘定科目が新設され、事業税の表示区分が法人税及び住民税に含めることに改正されました。完成工事原価報告書では、労務外注費をうち書き表示することに改められました。

　企業会計審議会の退職給付、金融商品会計基準の公表を受けて、平成11年8月一部の資産に時価評価の導入を内容とする商法改正、平成12年3月、計算書類規則も改正されました。これを受けて、平成13年3月建設業法施行規則財務書類及び同年6月勘定科目の分類の一部改正が行われました。

　平成13年6月自己株式の取得及び保有制限の緩和（金庫株の解禁等）を内容とする商法改正及び同年11月の計算書類規則の改正を受けて、11月には、建設業法施行規則財務書類様式及び勘定科目の分類の一部改正が行われ、自己株式を資本の部に控除形式で記載するなど所要の改正が行われました。

　民間主導の企業会計基準委員会から平成14年2月に自己株式等会計基準が公表され、貸借対照表の資本の部の表示が大幅に変更され、計算書類規則が商法施行規則に形を変えて、この会計基準を収容して平成14年4月1日に施行されたことを受けて、平成14年6月には、建設業法施行規則財務書類様式及び勘定科目の分類の一部改正が行われました。

様式第15号貸借対照表では、資本の部の資本金、法定準備金、剰余金（欠損金）の区分から、資本金、資本剰余金、利益剰余金の区分に変更され、同日から施行されました。

　さらに、平成14年商法改正では、資産評価、繰延資産、引当金に関する規定、配当（中間配当）可能限度額算定上控除すべき額について法務省令に委任され、連結計算書類制度の導入にあたって細目的な事項についても法務省令で定めることとされました。

　平成15年２月に公布された商法施行規則（法務省令）では、前述の委任事項等を収容するとともに、財務諸表等規則で定められている証券取引法会計の規定と商法会計の規定との調整が計られ、投資等が投資その他の資産に、当期利益が当期純利益に改正され、平成15年４月１日から施行されました。

　これを受けた建設業法施行規則の改正が、平成15年７月25日、平成16年１月29日、３月16日及び４月９日に公布され、即日または３月31日から施行されました。また、平成16年４月１日国土交通省告示により、３月31日から施行されました。

　これらの財務書類様式、勘定科目の分類などの法令等の改正に伴い、関連する部分について改訂する必要が生じましたので、全般的に見直しを行ったものです。

　この改訂３版も旧版に増して、建設業にたずさわる方々はもちろん、建設業会計の入門書としてお役に立てれば幸いに思います。

　　　平成16年６月

澤　田　　　保

初版はしがき

　この本は、建設工業経営研究会から建設業会計の標準的・指導的な解説書として昭和28年以来刊行されている「建設業会計提要」の姉妹書として書いたものであります。

　初めて建設業にたずさわる新入社員、新たに経理業務を担当されることとなった方々、経営者にもわかりやすいように建設業の会計実務の全般にわたって解説した初歩的な入門書を意図したものです。

　建設業者は、建設業法によって貸借対照表、損益計算書・完成工事原価報告書及び利益処分に関する書類（以下、財務諸表という）等を建設大臣又は都道府県知事に提出することとされており、建設業法施行規則にその財務諸表の様式が定められています。

　この建設業法施行規則に定められた財務諸表の様式及び各勘定科目の解説を重点に、日常の会計処理から決算財務諸表の作成にいたる建設業の会計実務の全般にわたり、企業会計原則、商法上の取扱い、営業報告書及び附属明細書の作成等を含めて解説いたしました。

　さらに建設業の経理担当者には、証券取引法の財務諸表等規則、同監査上の取扱いなど建設業の会計をとりまく法規等のすべてを網羅して解説されている「建設業会計提要」をあわせてご利用いただきたくおすすめいたします。

　この本が建設業にたずさわる方々にはもちろん、建設業会計を学ばれる方々のお役に立てれば幸いであります。どうか読者のみなさんのきたんのないご批判、ご叱正をお願いいたします。

　最後に、この本の刊行にあたって㈱大成出版社編集第１部の鈴木信夫氏に心から謝意を表します。

　　平成５年１月

　　　　　　　　　　　　　　　　　　　　　　　澤　田　　　保
　　　　　　　　　　　　　　　　　　　　　　　山　田　亮　一

目次

全訂版の刊行にあたって

改訂3版の刊行にあたって

初版はしがき

第1編　建設業会計

第1章　建設業会計の特長 …………………………………… 3
1　建設業の特長 …………………………………………… 3
2　建設業会計の特色 ……………………………………… 6

第2章　工事原価計算 ………………………………………… 14
1　工事原価計算の基礎条件 ……………………………… 14
2　積算工事費と工事原価 ………………………………… 17
3　工事原価の特性 ………………………………………… 21
4　製造原価計算と総原価 ………………………………… 22
5　工事原価計算の基本構造 ……………………………… 23

第3章　会計原則 ……………………………………………… 26
1　企業会計原則 …………………………………………… 26
2　一般原則の内容 ………………………………………… 26

第4章　制度会計 ……………………………………………… 30
1　会社法会計 ……………………………………………… 31

2　金融商品取引法会計 32
　　　3　商法会計・会社法会計と金融商品取引法会計との
　　　　　調整 33
　　　4　税法会計 34
　第5章　財務諸表 38
　　　1　意義 38
　　　2　役割 38
　　　3　財務諸表の体系 39
　　　4　会社法会計 41
　　　5　3つの財務諸表の相互関係 42
　第6章　会計帳簿 44
　　　1　複式簿記の帳簿体系 44
　　　2　帳簿に関する会計法規 50

第2編　建設会社の財務諸表

　第1章　建設業法で定める財務諸表 55
　　　1　建設業法における財務諸表の提出 55
　　　2　会社法上の財務諸表 56
　第2章　貸借対照表 58
　　　1　貸借対照表の原則 58
　　　2　資産評価の原則 59
　　　3　貸借対照表の開示原則 60
　　　4　貸借対照表の作成方法 61
　　　5　資産の部 63

6　負債の部 …………………………………………………… 97

　　7　純資産の部 ………………………………………………… 110

第3章　損益計算書 ……………………………………………… 118

　　1　損益計算書の原則 ………………………………………… 118

　　2　損益計算書の開示原則 …………………………………… 120

　　3　損益計算書の作成方法 …………………………………… 121

　　4　損益計算書の区分 ………………………………………… 122

　　5　完成工事原価報告書 ……………………………………… 148

第4章　株主資本等変動計算書 ………………………………… 156

　　1　利益処分案の廃止 ………………………………………… 156

　　2　株主資本等変動計算書の概要 …………………………… 157

　　3　株主資本等変動計算書の作成方法 ……………………… 157

　　4　株主資本の表示方法 ……………………………………… 158

　　5　評価・換算差額等および新株予約権の表示方法 ……… 159

　　6　株主資本等変動計算書の様式例 ………………………… 159

　　7　様式第17号　株主資本等変動計算書の新設 …………… 159

　　8　様式第17号の記載要領 …………………………………… 160

第5章　注記表 …………………………………………………… 162

　　1　独立した計算書類　注記表 ……………………………… 162

　　2　注記表の内容 ……………………………………………… 162

　　3　様式第17号の2　注記表の新設 ………………………… 164

　　4　注記表の記載事項 ………………………………………… 164

　　5　注記に当たっての留意事項 ……………………………… 174

第6章　事業報告 ………………………………………………… 175

	1	事業報告の定義	175
	2	事業報告の一般的記載事項	176
	3	公開会社の特則	176
	4	社外役員等を設けた株式会社の特則	176
	5	会計参与設置会社の特則	177
	6	会計監査人設置会社の特則	177
	7	支配に関する基本方針	179
	8	事業報告から記載が除外された事項	179
	9	事業報告の附属明細書	180
	10	建設業法施行規則の定め	180

第7章　附属明細 ……………………………………………… 181

　第1節　会社法附属明細書 ……………………………… 181

　　1　計算書類の附属明細書 ……………………………… 181
　　2　附属明細書の記載方法および様式 ………………… 182

　第2節　建設業法附属明細表 …………………………… 187

第8章　決算 …………………………………………………… 189

　　1　決算 …………………………………………………… 189
　　2　決算予備手続 ………………………………………… 190
　　3　決算本手続 …………………………………………… 192
　　4　財務諸表の作成 ……………………………………… 200
　　5　決算日程 ……………………………………………… 201
　　6　監査役の監査報告書 ………………………………… 205

第9章　株式会社以外の財務諸表 …………………………… 216

　　1　建設業法施行規則の定め …………………………… 216

2　特例有限会社の作成する財務諸表 ……………………… 217
　　3　持分会社の計算書類 ……………………………………… 217
　　4　持分会社の建設業法の別記様式の適用について …… 218
　　5　中小企業の会計に関する指針 …………………………… 218
　　6　個人事業者の財務諸表 …………………………………… 221
　　7　個人事業者の青色申告 …………………………………… 223
　　8　中小企業者等の少額（30万円未満）減価償却資産
　　　　の取得価額の損金算入の特例（措法第28条の2）… 226

第3編　特殊会計

第1章　消費税の会計処理 ……………………………………… 231
　　1　消費税の会計処理 ………………………………………… 231
　　2　財務諸表における表示 …………………………………… 235

第2章　JV工事の会計処理 …………………………………… 238
　　1　共同企業体の会計処理 …………………………………… 238
　　2　協力施工方式の会計処理 ………………………………… 240
　　3　JV工事等における消費税の取扱い …………………… 242

第3章　兼業事業会計 …………………………………………… 247
　　1　貸借対照表の表示 ………………………………………… 247
　　2　損益計算書の表示 ………………………………………… 248
　　3　会社計算規則における兼業事業の取扱い …………… 250

資料編

　　〔資料1〕　建設業法施行規則（抄） ……………………………… 255

〔資料2〕 勘定科目の分類……………………………………………… 294

事項索引 ……………………………………………………………… 307

第1編　建設業会計

第1章　建設業会計の特長

1　建設業の特長

　建設業とは、土木・建築等の建設工事の完成を請け負う事業をいいます。建設業者とは、建設業法第3条第1項の許可を受けて建設業を営む者をいいます。したがって、建設業者には、鉄鋼業、商社、百貨店など一般的に、建設業に含まれないものもあります。

　建設業者は、注文主（発注者）からビルディング・工場などの建築工事、道路・港湾などの土木工事の注文を直接請け負う元請業者（元請負人、一式工事業者）と、これら建設工事の部分的工事のみを元請業者から請負う下請業者とに大別されます。

　下請業者はさらに、専門工事業者として、主体工事を部分的に請け負う業者（大工、左官など）と付帯設備工事（冷暖房設備、エレベーターなど）を請け負う業者とに区分されます。

　元請業者は部分的工事を下請業者に施工させ、最終的・総合的に工事完成の責任を負っています。

　以上は、わが国の建設業界の構造的特長といえます。

　一方、生産形態からみると、請負工事のすべてが注文生産であり、その作業内容は工事によって差異が著しく、かつ着工後の変更が多いことに特長があります。また、注文主ごとに施工場所、規模が異なりますので、工事現場の数が多く、しかも各地に散在し、工事期間も長期にわたるものがあります。

　また、会計の面から他の産業と比較しますと、次のような特性があげら

れます。

【受注請負産業である】

　建設業は典型的な受注産業としての請負業です。注文生産のため、建設物は多種多様となり、規模・形・構造など同一のものはほとんどありません。したがって、原価計算は、個々の工事番号（製造指図書番号にあたるもの）別に原価を集計する個別原価計算が採用されます。ただ、建設業の関連領域では、総合原価計算を実施する例も見られます。

【工事期間が長い】

　建設工事は、受注から完成引渡しまで長期（1年以上）にわたるものも多いことから、原価計算にあたって、間接費や共通費の配賦が期間損益の算定に大きな影響を与えることになります。また、建設資材についての物価変動を受けやすいことなど、会計的に特別な配慮が必要となります。

【工事現場が移動する】

　工事現場が一定せず移動的であるとともに、いくつかの工事を同じ時期に施工することもあります。この場合の現場共通費をどのように配賦すべきかが、重要なテーマとなります。

【定置性固定設備が少ない】

　工事現場が移動的であることから、そこで使用される各種の建設資機材も移動的です。そこでこれらの固定資産にかかる減価償却費の負担も工事ごとの損料計算の形で予定配賦が行われています。

【工種および作業単位の多様性】

　1つの請負工事を完成させるためには、直接工事だけでも、土木では10～20、建築では20～30もの工種から構成され、各工種にも多様な作業単位を含んでいます。したがって、発注者に対する提出見積書が工種別に計算されていることからも、工種別原価計算が原価管理上重要視されることになります。

【外注依存度が高い】

　1つの建設工事を完成させるためには、多種多様の専門工事を必要としますので、外注費の多いことも建設業の特性となっています。

そのため、通常の原価計算では、原価を材料費、労務費、経費の3要素に分類していますが、建設業の原価計算では、経費のうちから外注費を分離独立させ、前記の3要素に外注費を加え、4つの原価要素に分類します。

【天候や災害による影響が大きい】

　通常、建設現場は屋外であるため、天候や不測の災害等に大きく影響されます。このようなリスクを予防するための事前対策費や損害保険料等は、十分に原価性を有するものであり、原価管理上、必須項目となっています。なお、偶発損失は、原価計算上、正常な原価と区別して非原価項目としています。

【営業活動と建設活動との区分の必要性】

　工事の受注から完成させるための建設活動を行いながら、次の工事受注や工事全般管理に関する営業活動を並行して行うケースも多くあります。原価計算では、工事原価と営業費（販売費及び一般管理費）とに区分することも必要です。

【公共工事が多い】

　建設業における受注内容は、公共機関からのものが大きなウエイトを占めています。公共事業の場合、建設業に限らず入札制度がとられるため、積算という事前原価計算が採用され、これが重要視される傾向にあります。この積算と事後的原価計算との有機的関連づけが原価管理上の課題となっています。

　また、その工事の公共性から、業者の許可、入札資格審査等について特別に規制が設けられています。

【請負金額、工事支出金が高額】

　公共工事、民間工事とも、その請負金額とこれにともなう工事支出金は、一般に高額であり、建設業の資金管理には、工事立替金という独特の考え方があります。これにともなう資金コストは、制度会計では非原価項目とされていますが、管理会計あるいは業績評価的な原価計算では、工事金利として工事とひも付きで把握する必要があります。

【共同企業体による受注】

建設業では、他の業種ではあまり例を見ない共同企業体（JV）による工事受注方式があり、公共工事ではかなりのウエイトを占めています。

JVの施工方式で一般的なものは共同施工方式で、そこでは、各構成会社が出資割合により工事資金、人員、機材等を拠出し合同計算により施工しますので、JVの原価計算には一種の組合会計の要素を導入します。

また、JVの各構成会社での工事原価計算は、JV全体共通工事原価計算の月次報告書に基づき、自社分を収容することにより、完成建設物の部分原価計算を行うことになります。

2 建設業会計の特色

建設業における会計組織および会計帳簿組織は、おおむね一般企業におけるそれと同一ですが、会計処理ならびに勘定科目には建設業特有のものがあります。

次に建設業会計の特色は何か、一般企業の会計との相違点は何かについて、その主要点の概要を説明します。

1 収益計上基準

収益とは、企業の経営活動を通じて資本の増加をもたらす原因をいいます。建設業では、建設目的物の引渡しによって生ずる完成工事高が収益の主なもので、その他の収益には、受取利息、受取地代、家賃収入などがあります。

収益として認められるためには、次の5つの条件を考慮しておく必要があります。

① 期間配分の合理性
② 計算の確実性
③ 支払資金の裏付け
④ 対応する費用の確定
⑤ 計算の経済性

(1) 工事完成基準

　建設工事は、請負工事契約に基づいて施工し、目的物を完成し、引渡しを行って初めて収益を認識します。すなわち、工事完成基準が収益計上基準の原則とされています。

　工事完成・引渡しの認識は、形式的な引渡書の提出や完成届によって判断するのではなく、鍵の引渡し、管理権の移転、発注者の事業の用に供するなど、実質的な引渡し完了によって判断します。

(2) 工事進行基準

　1年を超える長期の請負工事には、工事完成基準と工事進行基準の選択適用が認められています。超大型工事が長期にわたって行われるとき、これを工事完成基準で認識すれば、完成して引渡した年度にその工事による多額の利益が計上され、工事に着手してから引渡す前までの年度は少額の利益が計上されることになり、不合理となります。

　このため、長期の請負工事に関しては、工事の進行度合に応じて工事収益を完成工事高として計上していく工事進行基準が認められています。しかし、実務では1年以上の長期工事の件数も多く、工事が各年度にほぼ平均して計上されるのが現状ですから、工事進行基準を適用している例はまれです。

(3) 部分完成基準

　工事完成基準に類するものとして部分完成基準があります。これは税法の規定によるもので、建設工事等の全部が完成していない場合でも、その一部が完成したつど、これを相手方に引渡し、その引渡した部分についてその代金を受け取る特約または慣習がある場合、完成した部分に対応する工事収益を完成工事高に計上します。

(4) 延払基準

　部分完成基準と同様、税法の規定による収益計上基準として、延払基準があります。これは、完成引渡した工事であっても、税法規定の延払条件付請負工事に該当する場合には、その全部または一部を当期完成工事高から除外し、次期以降に繰り延べる方法です。これは、工事代金の回収が相

当長期間にわたるものについて、その工事代金の支払期限が到来した年度に収益に計上します。

2 原価計算の方法

(1) 個別原価計算

建設業は受注生産・個別生産型産業であり、その完成の目的物は工事ごとに種類・内容を異にすることから、個々の注文ごと、個々の工事ごとに原価を把握し集計する個別原価計算方法を採用します。

原価は、一般製造業では、材料費、労務費、経費の3つに分類しますが、建設業の場合は、経費のなかから外注費を分離独立させ、4つの原価要素に分類します。これは、建設業では製造業よりも協力業者に外注する工事が多いため、外注費を分離独立させるのです。

原価管理目的のため、工種・工程別分類による実績の把握が要求されることから、4要素区分による原価分類と、仮設工事費・直接工事費・間接工事費・現場経費といった工種・工程別原価分類を組み合せた工事原価計算システムが必要となります。

(2) 補助部門費の配賦

建設業では、部門別原価計算に類したものとして、補助部門費の配賦の会計処理があります。補助部門としては、資材部、機械部、設計部、技術開発部の各部門、電算センター、総合工事事務所などがあります。

これらの各部門で発生し、集計した部門費を、それぞれ合理的な基準で個別の工事原価に配賦することが必要となります。この場合、社内損料、使用料、仮設経費、割掛設計費などの名称で工事原価に算入されます。

(3) 原価管理と工事実行予算

建設業は受注産業であるため、工事ごとに発注者の条件が異なり、標準原価と実際原価とを比較して原価管理を行うことは不可能です。そこで、工事ごとに工事実行予算書を作成して、これと実績とを比較し、分析・検討して対策を講じ、原価低減や目標利益達成に役立てる個別原価管理が必要となります。

このように実績と工事実行予算との対比が、原価管理の基本となっています。

3 建設業特有の勘定科目

(1) 損益計算関係

建設業では売上高に相当するものを完成工事高、売上原価に相当するものを完成工事原価としています。

完成工事高

完成工事高には、工事が完成し、その引渡しが完了したものについての最終総請負高を計上します。その請負高について全部または一部が確定していない時は、同日の現況によりその金額を適正に見積計上します。

この場合、金額確定により通常発生する増減差額は、確定の日を含む事業年度の完成工事高に含めて処理します。

長期の未成工事を工事進行基準により収益に計上する場合は、適正に計算した期中出来高相当額を当期の完成工事高に含め、その旨およびその金額を注記します。

なお、共同企業体により施工した工事については、共同企業体全体の完成工事高に自社の出資の割合を乗じた額または分担した工事額を計上します。

収益計上時点について、製造業では製品の引渡しのつど売上高として計上されるのに対し、建設業では決算期末または中間決算期末に一括して計上するのが一般的です。

完成工事原価

完成工事原価には、完成工事高として計上したものに対応する工事原価を計上します。

完成引渡しした工事であって、当該決算期において工事原価の全部または一部が確定しない時は、完成引渡しをした日を含む事業年度の末日の現況によりその金額を適正に見積計上します。この場合、金額確定により通

常発生する増減差額は、確定の日を含む事業年度の完成工事原価に含めて処理します。

　建設業における原価計算は、工事契約を原価計算単位とする個別原価計算であり、実際原価計算が一般的です。工事完成時点では未確定の原価が多いこと、期末にのみ発生する費用もあるので、期中ではすべて未成工事受入金や未成工事支出金で処理し、期末に一括して完成工事高や完成工事原価に振替えます。

(2) 資産負債関係

|完成工事未収入金|

　完成工事未収入金は、製造業の売掛金に相当するもので、完成工事高に計上した請負代金の未収額を処理します。

　完成工事未収入金は、次の２つに区分しておく必要があります。
　　a　完成引渡しした工事に対する完成工事未収入金
　　b　工事進行基準の採用により計算された完成工事未収入金
　bは会社の計算上算出された債権で、相手に請求できないものです。

　なお、決算期末において繰越工事（未成工事）の出来高にかかる未収額は、建設業では勘定処理しないのが通例です。

|未成工事支出金|

　未成工事支出金は、完成引渡しを完了していない工事に対する工事費用を計上します。

　建設業は、建設工事の完成を請け負うことを業としていますので、原則として製造業の製品に相当するものはなく、未成工事支出金は仕掛品に相当するものです。

　つまり、引渡しを完了していない工事に要した工事費ならびに材料購入、外注のための前渡金、手付金等を未成工事支出金といいます。

　ただし、長期の未成工事に要した工事費で工事進行基準によって完成工事原価に含めたものは除きます。

工事未払金

　工事未払金には、工事原価に算入すべき費用（材料費、労務費、外注費および経費）ならびに材料貯蔵品の購入代金の未払額を処理します。

　工事未払金は、債務としての金額が確定している確定債務としての未成工事未払金（製造業における買掛金に相当するもの）と、工事が完成し完成工事高に計上しても、これに対応する原価の一部が未確定の場合、適正な見積計算により未払計上する完成工事未払金があります。

　したがって、工事未払金の細目では、未成工事未払金（買掛金）は取引先ごと、完成工事未払金は請負工事勘定ごとに区別しておきます。

未成工事受入金

　未成工事受入金には、まだ引渡しを完了していない工事について請負代金を受け取った場合、その受入高を処理します。ただし、長期の請負工事について、工事進行基準により完成工事高を計上している場合は、完成工事高とその未成工事受入金との差額を完成工事未収入金に計上します。

　請負代金の受入高には、いわゆる前受金と工事出来高に応じて受け入れたものとがありますが、両者は区別することはなく、同質のものとみなして未成工事受入金で処理しています。

完成工事補償引当金

　完成工事補償引当金には、引渡しを完了した工事にかかるかし担保に対する引当額を記載します。旧税法では製品保証等引当金の1つとされ、完成工事補償引当金の計上額は、つぎの実績割合または法定割合のいずれかにより算定した金額のうちいずれか多い方とされていました。
　a　実績割合による方法
　　　繰入限度額＝当期完成工事高×実績による補修費の割合
　b　法定割合による方法
　　　繰入限度額＝当期完成工事高×1/1,000（法定の補修費の支出割合）

平成10年度税制改正で、製品保証等引当金は5年間の段階的廃止となりましたが、企業会計上、継続して計上することが必要となっています。

|工事損失引当金|

受注した工事について、工事実行予算等に基づく工事の見積総原価が請負金額を超える可能性が高く、かつ、予想される工事損失額を合理的に見積ることができる場合には、その損失見込額を工事損失引当金として計上します。

4 工事契約会計基準等の公表

企業会計基準委員会（ASBJ）は平成19年12月20日、「工事契約に関する会計基準」および同適用指針を公表議決しました。この会計基準等は、工事進行基準と工事完成基準の適用要件を明確化し、これまで認められていた選択適用の廃止を打ち出しています。

また、損失が見込まれる工事の取扱いとしてのいわゆる工事損失引当金の計上等も明らかにしています。

平成21年4月1日以後開始事業年度に着手する工事契約から適用されることになっています。ただし、平成21年3月31日以前に開始する事業年度からの早期適用も可能としています。

◆工事進行基準の適用要件を明確化

これまで、長期請負工事に関する収益の計上については、工事進行基準または工事完成基準のいずれかを選択適用することができるとされてきました（企業会計原則注解（注7））。

このため、同じような請負工事契約であっても、会社の選択により「異なる収益の認識基準が適用される」ケースがあり、財務諸表間の比較可能性があるとの問題点が指摘されていました。これらを踏まえ、工事契約会計基準等では、進行基準・完成基準の選択適用を廃止しています。すなわち、工事進行基準の適用要件を満たすか否かを検討し、満たす場合には進行基準を、そうでない場合には完成基準を適用します。

進行基準を適用するための要件は、「成果の確実性」が認められることです。「成果の確実性」が認められる場合とは、①工事収益総額、②工事原価総額、③決算日における工事進捗度の各要素が信頼性を持って見積ることができる場合、これらの要件を満たさなければ、完成基準を適用します。

　なお、「工事契約に関する会計基準」は、公認会計士監査が強制される上場会社や会計監査人設置会社に強制されますが、それ以外の中小企業者や個人事業者への適用については、「中小企業の会計に関する指針」の改正を待ちたい。

第2章　工事原価計算

1　工事原価計算の基礎条件

1　原価計算期間

　一般にいう原価計算期間とは、原価データを原価単位、部門別に集計するために、また原価データを比較分析するために、さらに原価情報を迅速に提供するために、原価の記録の締め切りを行う一定期間を意味します。財務会計では正規の会計報告を行う期間を1年としていますが、原価計算では、正規の原価報告を行う期間を通常暦月どおりの1か月としています。建設業でも、工事費の毎月の定時払などの報告の必要性から通常暦月1か月としています。

　なお、次のような場合には当月の締め切りを10日間繰り上げて、前月の21日から当月の20日までを計算期間と定めている例が多いようです。
　① たな卸資産扱いの仮設機材、工具器具などの機材センターまたは機械工場と工事現場間の送材・戻材振り替えの締め切り
　② 固定資産扱の仮設機材または工事機械の各工事現場に対する毎月の社内賃貸料振り替えの締め切り
　③ 補助部門たる設計部の部門費勘定から作業時間を把握して各工事原価に振り替える場合の、個別工事にかかる設計作業時間の把握

　ところで、個別原価計算の場合には、指図書別に原価の集計が行われますので、その工事が完成した直後に指図書別の最終締め切りを行うことになりますが、工事ごとの採算と原価管理を重視して着工時からしゅん工時

までを個別工事の原価計算期間とする見方もあります。しかし、減価償却費、地代家賃などの間接費の配賦の必要性から、暦月ごとに計算の区切りをつけることも必要となっています。

　また、共同企業体で共同施工する工事の経理に関する基準を定めるものとして、経理取扱規則があります。この中で、通常、JVの会計期間を次のとおり定めています。

　「会計期間は共同企業体協定書の定めるところにより、共同企業体成立の日から解散の日までとし、月間の経理事務は毎月1日に始まり当月末日をもって締め切るものとする。」

2　工事原価計算単位

　建設業では、個別原価計算を行うため、その計算単位の設定基準が重要な意味を持っており、原則として請負契約ごとに工事原価計算単位を設定し、原価の集計単位とします。

　したがって、工事損益計算は原則として請負契約ごとに行い、契約更改に伴う追加工事は、原契約の工事と一括して損益計算を行います。

　別個の契約による追加の工事は、原則として別個に損益計算を行いますが、本工事完成引渡し前に、工事内容が本工事の対象物に密接不可分のものを増設あるいは変更する工事、もしくは施工技術上密接に関連する工事を追加契約しまたは着工した場合は、契約更改による工事に準じて取り扱います。

　このように、契約別に原価計算単位を設定するのは、税法が要求しているばかりではなく、当該工事の原価実績を契約別に把握することにより、事前原価計算（見積り、工事実行予算）ならびに施工中の原価管理の良否が判断できるうえに、発注者に対する設計変更増減交渉の資料を得ることもできるからです。

　しかし、次のような場合には、別個の契約による工事であっても、同一原価計算単位とすることができるものと考えられています。

　① 本工事に付随する追加変更工事であって、本工事と完成引渡しの時

期が同じ工事
　② 本工事自体が発注者の予算上の都合等により分割契約となっている工事
　③ 契約金額が一定金額以下の小口工事で、決算期が同じで、同一の現場所長が施工担当する場合

　③は、1つの出張所・工事事務所で多数の雑小口工事をかかえている場合など、共通工事原価の配分に手数がかかるなどの理由からとられる簡便法ですが、当初決算期が同一と予想されたため、1つの原価計算単位に含めて工事原価を集計していたところ、工事の遅れ、契約工期変更など決算期を異にする工事が含まれることとなった場合には、原価計算単位の分割という難しい問題が生ずることとなります。この場合、それぞれの工事に対応する原価を正確に算出することは困難であり、抽出可能な直接費以外の共通費については、妥当な比率によって按分計算します。

　なお、税法に基づき、部分完成基準を適用する場合にも、原価計算単位、つまり工事勘定の分割の手続が必要となります。

3 非原価項目

　原価計算制度において、原価性を有しないと判定されるものを非原価項目と呼んでいます。建設業で非原価項目といえば、工事原価と販売費及び一般管理費に算入されないものをいいます。

　「原価計算基準」では、非原価項目を、次の4つに区分しています。
　① 経営目的に関連しない価値の減少
　② 異常な状態を原因とする価値の減少
　③ 税法上とくに認められている損金算入項目
　④ その他利益処分等と考えられる項目

　税法では、別段の定めがあるものを除き、一般に公正妥当と認められる会計処理の基準に従うべきものとされています。請負による収益に対応する原価の額の算入については、通常、請負工事ごとの個別原価計算によって行われます。その原価の額は法人の各事業年度の所得の計算上、その請

負工事の収益に対応したものが損金の額に算入されます（法人税法第22条第3項、第4項）。また、「請負による収益に対応する原価の額には、その請負の目的となった物の完成または役務の履行のために要した材料費、労務費、外注費および経費の額の合計額のほか、その受注または引渡しをするために直接要したすべての費用が含まれる」こととされています（法人税基本通達2—2—5）。したがって、会社の支出した費用について、一般に認められた企業会計原則や原価計算基準に基づいて原価算入の判断を行うことになります。

ただし、建設業では、「基準」で非原価項目として例示されている寄付金を、原価性ありとして処理するのが会計慣行となっており、損益計算書の販売費及び一般管理費の内訳科目に掲記されています。これは、建設業では、寄付金の支出は工事受注に関連することが多く、工事原価においても、工事施工にあたって近隣の神社等に対する寄付金は必要経費とみられているためです。

また、「基準」で支払保証料等の財務費用は非原価項目とされていますが、建設業では保証料を工事原価で処理する例もみられます。

公共工事等の受注にあたり、前受金を受領するため、保証会社等に対して支払う保証料は、普通「工事保証料」または「前受金保証料」の科目で処理します。一般にこれらの支払額は、前受金を受領するための一種の金融費用とみられるため営業外費用に含めます。しかし、これは工事受注に関連して発生するものであり、保証料の計算は保証契約締結後の期間に関係なく、前受金額で行われることから直接経費であるとみて、工事原価に算入する会社もみられます。税法もこの両方の処理を認めています（同通達2—2—5注）。

2 積算工事費と工事原価

1 工事費の内訳

建築工事の請負人が注文者に提出する工事費の内訳明細については、工

事の種類や規模によって多少の相違はありますが、建築工事の場合、一般に官民一体となって研究を行っている建築積算研究会が作成した「建築工事内訳書標準書式」が活用されています。工事費は図表―1のような内容になっています。

このうち、一般管理費等を除いた工事費部分が原則として原価計算上の工事原価の範囲となります。

一般管理費等は、企業の管理運営に必要な経費のうち現場経費を除いた費用すなわち一般管理費および営業活動に伴って稼得する営業利益をいい、工事に賦課すべき一般管理費等の分担額をいいます。

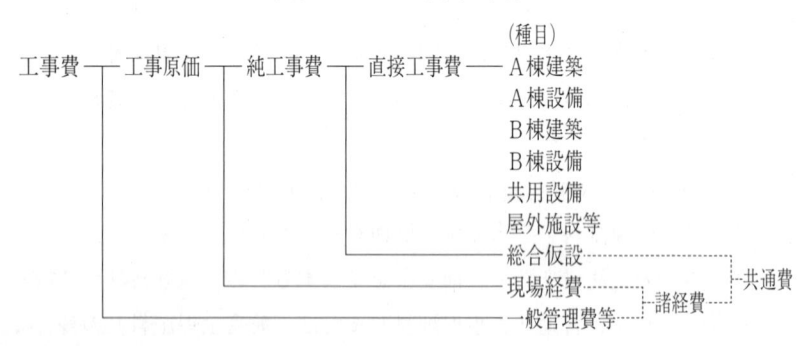

図表―1　工事費の内訳

```
                                              (種目)
工事費―工事原価―純工事費―直接工事費――A棟建築
                                              A棟設備
                                              B棟建築
                                              B棟設備
                                              共用設備
                                              屋外施設等
                                     総合仮設┐       ┐
                             現場経費      ├諸経費├共通費
                     一般管理費等                   ┘
```

2　直接工事費

直接工事費は、直接工事目的物の施工（材料を含む。）のために必要とされる費用をいい、棟別に建築、設備に区分されています。建築、設備に含めることが適切でない各棟共用の設備、屋外施設などは共用設備、屋外施設等の適切な名称で表示されます。

3　科目別内訳

直接工事費の科目について工種を基準として区分し、基礎工事からく体工事、仕上工事というように工事の工程別に順を追って配列する方式を工種別内訳書といっています。これは実際の施工の順序などを意識して構成

されたもので、工事の専門工事業者への発注、材料の購入など工事施工業者のために便利な方式が、そのまま内訳書として転用されたものと思われます。

工種別内訳書による場合の種目と科目との関係は、次頁の図表―2のようになっています。

４ 細目別内訳

細目別内訳は、前述の各科目に属する細目ごとに数量、単価、金額を記載します。細目は原則として、材料費、労務費、器具・工具類の損料、運搬費等および専門工事業者の経費等を一括して工事の内容にふさわしい名称の複合細目とするものとされています。

５ 共通費の内訳

共通費とは、総合仮設費および諸経費をいい、その内訳は次のとおりです。

ただし、共通費を別に表示する必要がない場合には、内訳の単価、金額は、直接工事費に共通費配分額を加算したもので計上します。

① 総合仮設費

総合仮設費は、2棟以上の工事の場合、各棟の所属に区分することが適当でない直接工事の各種目に係る仮設費用です。1棟の場合もこれを準用して総合仮設の種目を設けるのが一般的です。総合仮設費は、一式として表示するのを標準とします。ただし、特に必要のある場合には次に示す程度の内訳に区分します。

仮設建物費、工事施設費、機械器具費、電力用水費、環境安全費、整理清掃費、その他、運搬費。

② 諸経費

諸経費は一式として表示するのを標準とします。ただし、特に必要ある場合は、さらに現場経費一式と一般管理費等一式とに区分します。諸経費の内容は一般に次のとおりです。

図表—2　工種別内訳書による科目別内訳

(種目) ──────── (科目) ── (細目)

- 直接工事費
  - 建築
    - 1. 直接仮設
    - 2. 土工
    - 3. 地業
    - 4. 鉄筋
    - 5. コンクリート
    - 6. 型枠
    - 7. 鉄骨
    - 8. 既製コンクリート
    - 9. 防水
    - 10. 石
    - 11. タイル
    - 12. 木工
    - 13. 屋根及びとい
    - 14. 金属
    - 15. 左官
    - 16. 建具
    - 17. カーテンウォール
    - 18. 塗装
    - 19. 内外装
    - 20. ユニット及びその他
    - 21. 発生材処理
  - 設備
    - 22. 電気
    - 23. 空調
    - 24. 衛生
    - 25. 昇降機
    - 26. 機械
    - 27. その他設備
  - 屋外施設等

a　現場経費の内容

　　　現場設計費、労務管理費、租税公課、保険料、従業員給料手当、退職金、法定福利費、福利厚生費、事務用品費、通信交通費、交際費、補償費、雑費、原価性経費配賦額。

　　b　一般管理費等の内容

　　　役員報酬、従業員給料手当、退職金、法定福利費、福利厚生費、修繕維持費、事務用品費、通信交通費、動力用水光熱費、調査研究費、広告宣伝費、貸倒引当金繰入額、貸倒損失、交際費、寄付金、地代家賃、減価償却費、開発費償却、租税公課、保険料、雑費、営業利益。

　注文者に提供する見積書の工事費の内訳では、営業利益が含まれるものとされています。このため、工事費の見積りなどの事前原価計算では、総原価計算が採用されていることになります。

3　工事原価の特性

　実際原価の計算は、その生産形態の相違によって、個別原価計算と総合原価計算とに大別されます。

　① 個別原価計算

　　個別原価計算とは、種類や規格の異なる製品を個別的に製造する経営形態に適用される原価計算の方法をいいます。例えば、建設業、造船業等のように、顧客の注文に応じて製品の製造を行う生産形態（受注生産）に適応されます。個別原価計算を採用する企業は、個別の製品ごとに製造計画をたてて、特定の指図書（特定製造指図書）で特定製品の製造を行うよう指図します。したがって、個別原価計算は、製品原価が製品指図書別に集計されますので、「指図書別原価計算」とも呼ばれています。

　② 総合原価計算

　　総合原価計算は、例えば、セメント、製粉などのように、同一製品を連続的に多量に生産する生産形態（見込生産）の企業に適用される原価

計算の方法をいいます。総合原価計算は、一定期間における（通常1か月）製品の製造に要した原価要素を集計し、その製造原価を総製造数量で割って、製品一単位当たりの平均製造原価を算出します。

このように、個別原価計算と総合原価計算では、その原価集計対象そのものの相違はもちろんのこと、原価単位の計算、仕掛品原価の計算、直接費と間接費の分類・集計など計算の方法が異なっています。なお、建設業は、受注生産形態をとっていますので、原則的には個別原価計算が適用されますが、建設業と密接な関係にある業種、例えば、コンクリート製品、アスファルト製造などの原価計算方式を考慮した場合、総合原価計算を理解しておくことが必要となります。

4　製造原価計算と総原価

製造原価計算とは、営業費計算と対比して用いられる用語で、製品原価を算定するために、すべての製品原価要素を製品または一定の経営給付にかかわらせて集計する原価計算をいいます。製造原価計算の特徴が、製品または一定の経営給付単位に計算されるのに対し、原価計算期間単位に計算される営業費（販売費及び一般管理費）の計算とは区別されます。

総原価とは、製品または給付の製造・販売のために要したすべての一単位当たりの原価をいいます。総原価は、製造原価に販売費及び一般管理費を割掛けて計算します。原価計算は歴史的に製品または給付一単位当たりの製造原価の計算として発達し、販売費及び一般管理費の計算は余り重視されませんでした。しかし競争の激化、流通機構の複雑化、経営規模拡大と組織の複雑化により、販売費及び一般管理費の原価に占める割合が増大し、今日の原価計算は、製造原価と販売費及び一般管理費を含めた総原価の計算となっています。

建設業で総原価は、事前原価計算の立場から、受注工事原価としては建設工事の受注・施工に当たって直接・間接に要するすべての費用をいいます。また受注工事原価は、収益との対応関係に基づいて、個別対応の工事原価と期間対応の期間原価とに区分されます。工事原価とは、受注工事単

位に集計された原価をいい、通常、完成工事原価および未成工事支出金の価額を構成する全部の施工原価をいいます。期間原価とは、一定期間における発生額で、当期の収益に期間対応して把握した原価をいい、販売費及び一般管理費がこれに該当します。この期間原価は、企業全般の総原価計算の立場からすれば受注工事原価を構成しますが、事後原価計算、つまり、狭義の個別工事原価計算の立場からすれば、期間原価は原価外費用となります。しかし、事業部制的な利益管理のため、個別工事原価も、期間原価を含めた総原価の概念で原価管理をする上で、個別原価の当期中の合計額が営業費用の決算総額と一致することが望ましいといえます。工事原価と総原価の関係を図示すれば図表―3のとおりです。

図表―3　工事原価と総原価

直接材料費 直接労務費 直接外注費 直接経費	工事直接費	工事間接費 現場共通費	販売費及び 一般管理費	売上利益
		工事原価		総原価	受注価格

5　工事原価計算の基本構造

　建設業の採用する個別原価計算には、経営規模の大小によって工事間接費の部門別計算を行わない中小企業向きの単純個別原価計算と部門別計算を行う部門別個別原価計算とがあります。
　単純個別計算は、工事間接費を部門別に区分計算しないで、一定の配賦基準を用いてただちに工事番号別に配賦するもので、比較的小規模な経営において採用されます。
　部門別個別原価計算は、個別原価計算の典型的な形態であって、実際工

事原価計算の基本的な計算段階である工事原価の費目別計算・部門別計算と工事別計算の3段階からなっている計算方式です。経営規模が大きく、生産方法が複雑になっている今日の個別生産経営に通常行われている原価計算方式です。工事間接費の部門別計算を行う目的は、工事原価を正確に計算することと、部門責任別に原価を管理することにあります。通常、工事間接費の発生額を部門別に把握し、部門別に設定された工事間接費配賦率に基づいて原価計算するのが部門別原価計算です。

　ここで、実際工事原価を把握する手続として、費目別原価計算、部門別原価計算、工事別原価計算の3段階のそれぞれについて、原価計算基準に準じてその概要を示すと次のとおりになります。

　① 原価の費目別計算

　　原価の費目別計算とは、一定期間における原価要素を費目別に分類測定する手続をいい、財務会計における費用計算であると同時に、原価計算における第一次の計算段階です。

　② 原価の部門別計算

　　原価の部門別計算とは、費目別計算において把握された原価要素を、原価部門別に分類集計する手続をいい、原価計算における第二次の計算段階です。

　③ 原価の工事別計算

　　原価の工事別計算とは、原価要素を一定の工事単位に集計し、工事単位別の工事原価を算定する手続をいい、原価計算における第三次の計算段階です。

　　建設業における部門別原価計算では、工事間接費のみを部門別に計算します。工事直接費は材料費、労務費、外注費、経費の原価要素でとらえ、ただちに工事番号ごと（工事原価計算ごと）に集計します。工事間接費は、原価要素ごと、部門（施工部門・補助部門）ごと、工事番号ごとの3つの段階を通過させます。その手続は次頁の図表—4のとおりです。

図表―4　実際工事原価計算の基本構造

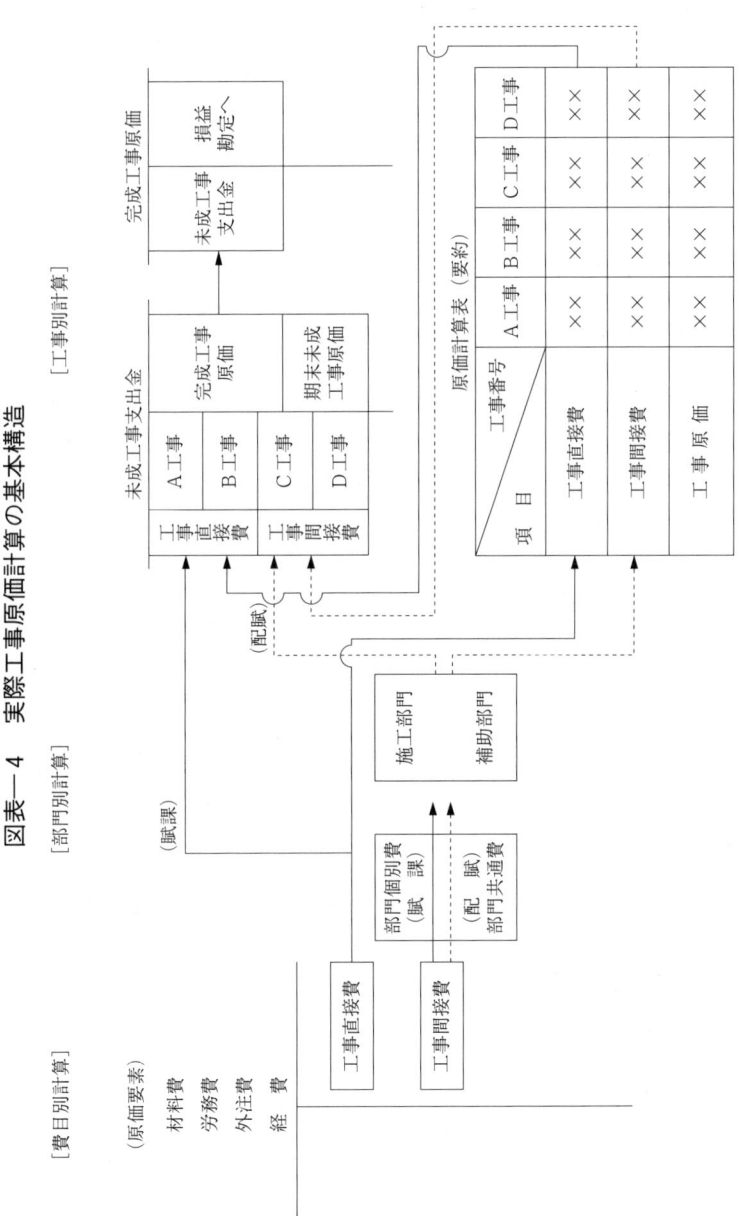

第3章　会計原則

1　企業会計原則

　企業会計原則は、企業会計に関する基準として中心をなすものであり、公正なる会計慣行として指導的な性格を有し、企業会計がよるべき商法、証券取引法などの企業会計法の理論的規範として重要な役割を果たしています。

　わが国の企業会計原則は、昭和24年7月に中間報告として公表されました。その前文では、企業会計原則が慣習法的性格と財務諸表監査における基準性を有し、すべての会計諸法令に対する指針的な役割を果たすべきことが示されています。

　企業会計原則は、一般原則、損益計算書原則、貸借対照表原則の3つの原則と注解から構成されています。このうち、一般原則は、損益計算書原則と貸借対照表原則との双方に共通の諸原則をとりあげて、これを抽象的に規定したものです。注解については、昭和29年の部分修正で企業会計原則のなかの重要項目について、その意義、適用の範囲等、これらの解釈を明らかにするために公表されたもので、昭和57年4月最終改正となっています。

2　一般原則の内容

1　7つの原則

　企業会計の一般原則は、企業会計にとって基本的な要請であって、損益

計算書、貸借対照表等の財務諸表作成にあたって共通の諸原則を包括するものです。企業会計原則は次の7つの原則を規定しています。

(1) 真実性の原則

企業会計は、企業の財政状態及び経営成績に関して、真実な報告を提供するものでなければならない。

(2) 正規の簿記の原則

企業会計は、すべての取引につき、正規の簿記の原則に従って、正確な会計帳簿を作成しなければならない。

(3) 資本取引・損益取引区分の原則

資本取引と損益取引とを明瞭に区別し、特に資本剰余金と利益剰余金とを混同してはならない。

(4) 明瞭性の原則

企業会計は、財務諸表によって、利害関係者に対し必要な会計事実を明瞭に表示し、企業の状況に関する判断を誤らせないようにしなければならない。

(5) 継続性の原則

企業会計は、その処理の原則及び手続を毎期継続して適用し、みだりにこれを変更してはならない。

(6) 保守主義（安全性）の原則

企業の財政に不利な影響を及ぼす可能性がある場合には、これに備えて適当に健全な会計処理をしなければならない。

(7) 単一性の原則

株主総会提出のため、信用目的のため、租税目的のため等種々の目的のために異なる形式の財務諸表を作成する必要がある場合、それらの内容は、信頼しうる会計記録に基づいて作成されたものであって、政策の考慮のために事実の真実な表示をゆがめてはならない。

2 重要性の原則

正規の簿記の原則と明瞭性の原則とに関連して、「注解1」において、

重要性の原則が規定されています。これは8つめの一般原則として重要視すべきものです。

重要性の原則の適用

企業会計が目的とするところは、企業の財務内容を明らかにし、企業の状況に関する利害関係者の判断を誤らせないようにすることにあり、重要性の乏しいものについては、本来の厳密な会計処理によらないで他の簡便な方法によることも、正規の簿記の原則に従った処理として認められます。

重要性の原則は、財務諸表の表示に関しても適用されます。

3 真実性の原則と他の一般原則との関係

7つの一般原則のうち、真実性の原則は、企業会計の基本となる原則であり、他の一般原則を規制するような意義を有しています。つまり、他の一般原則は、この真実性の原則を保証する原則と考えられています。

企業会計原則における真実性の原則は、「財務諸表全体の相対的真実性」を指すので、正規の簿記の原則等他の一般原則を遵守することによって作成された財務諸表をもって、真実なものとするものです。

期間損益計算を中心課題とする企業会計における財務諸表は、記録、会計処理および報告という会計行為を経て作成されます。

記録の面では正規の簿記の原則、会計処理の面では継続性の原則、報告の面では明瞭性の原則が、それぞれ真実性の原則を保証しています。

さらに期間損益計算という目的のためには、資本取引と損益取引とを区分しなければなりません。この区分がなされなければ会計の機能は失われる結果となり、真実性の原則は意味をなさないものとなります。したがって、資本取引・損益取引区分の原則もまた真実性の原則を保証しているものです。

保守主義（安全性）の原則については、真実性の原則に反するという考え方もありますが、適度な保守主義は決して真実性の原則に反するものではありません。その理由は、企業会計には主観的要因が入り込まざるを得ない面があるからです。企業が将来の危険に対して、慎重な会計処理をな

すことは当然の要請であります。このことは、もちろん過度の保守主義を容認するということではありません。

　単一性の原則は、財務諸表がいかなる目的をもって作成される場合でも、その実質的内容は唯一つであるということを示した原則であります。すなわち形式が異なることがあっても内容は真実なものでなければならないことを要請しているものです。

4　記録原則、処理原則および報告原則

　以上のことから、企業会計原則の一般原則は、次のように記録原則、処理原則および報告原則に区分されます。

① 　記録原則　　正規の簿記の原則
② 　処理原則　　資本取引・損益取引区分の原則
　　　　　　　　継続性の原則
　　　　　　　　保守主義（安全性）の原則
③ 　報告原則　　明瞭性の原則
①、②、③のすべてを備えるべきもの
　　真実性の原則
　　単一性の原則

第4章　制度会計

　企業会計とは、企業の資産、負債、資本の増減変動および収益、費用の発生に関する会計事実を、貨幣価値により、計数的に記録計算、総合し、経営活動の成果として獲得された期間利益を、企業の利害関係者に対して報告する技術であります。

　また、「企業の財務諸表は、単に取引の帳簿記録を基礎とするばかりでなく、実務上慣習として発達した会計手続を選択適用し、経営者の個人的判断に基づいてこれを作成するものであって、いわば記録と慣習と判断の総合的表現にほかならない」(旧監査基準) と言われています。

　すなわち会計事実の認定における企業の自主判断や、企業の実態に合った会計処理の方法の選択の自由が認められるべきものとされていますが、企業会計が企業の外部関係者の利害にかかるものですから、企業の恣意性が介入したり、企業間の比較可能が失われるなどの弊害を排除し、会計の社会的公正性を確保するため、社会的に共通な会計の基盤が必要とされます。

　したがって、公正妥当な会計慣行なり、広く一般に認められた会計原則に準拠した会計実践が広義の制度会計といわれています。

　会計処理と会計情報の開示を規制する慣習として、企業会計原則、原価計算基準などの諸基準、各種の意見書や報告書などがあげられます。

　また、企業会計はその会計情報の作成・提供目的の相違によって財務会計と管理会計に分けられます。財務会計は、企業の外部利害関係者（投資家、債権者、国・地方公共団体、従業員・労働組合、顧客・消費者など）に対して会計情報を提供することを目的とするもので、「外部報告会計」と

も呼ばれています。

これに対し、管理会計は、主として企業の経営者に対して経営管理に役立つ会計情報を提供することを目的とするもので、「内部報告会計」とも呼ばれています。

財務会計では、錯綜した利害関係を正しく調整し、また企業の実態を利害関係者に対して正しく伝えるために社会的な法規制が加えられています。その主なものは、会社法、金融商品取引法および法人税法による会計規則であります。また、一般に認められた会計原則を基礎に置きながら、これらの法令に基づく財務会計領域として、会社法会計、金融商品取引法会計および税法会計があり、これらは狭義の制度会計といわれています。

1 会社法会計

債権者保護の立場に立って、株主や債権者などの権利の保護およびその利害の調整のために「会社法」や「会社法施行規則」および「会社計算規則」によって規制されている会計を会社法会計といいます。

これは会社法の会計規定（主として第5章計算等）、法務省令の会社法施行規則および会社計算規則によって規制されています。

従来商法総則の商業帳簿に関する規定、つまり、商業帳簿の作成、会計帳簿の記帳要件、資産評価評価原則、商業帳簿の保存期間10年などは、会社法では、第432条（会計帳簿の作成及び保存）、第434条（会計帳簿の提出命令）および第435条（計算書類の作成及び保存）で規定されています。

株式会社が計算書類を株主総会に提出する場合には、会社法第435条第2項により、法務省令で定めるところにより、各事業年度に係る計算書類を作成しなければならないとされています。会計計算規則では、株式会社および*持分会社の計算書類の記載方法ならびに決算公告すべき財務諸表の要旨の記載方法などを定めたものです。

会社法の会計規定と会社計算規則の条項だけでは、複雑な株式会社の計

＊持分会社
　合名会社、合資会社、合同会社を総称して持分会社といいます（会社法第575条）。

算のすべてを網羅できるものではありません。そこで従来の商法では、商法上「商業帳簿ノ作成ニ関スル規定ノ解釈ニ付テハ公正ナル会計慣行ヲ斟酌スベシ」（商法第32条第2項）とのいわゆる包括規定が設けられていました。

ここで"公正なる会計慣行"とは、直接的に企業会計原則を指すものではないといわれていますが、企業会計原則、財務諸表等規則および諸基準がその役割を果たすものとして期待されています。

会社法では、「株式会社の会計は、一般に公正妥当と認められる企業会計の慣行に従うものとする。」（第431条）という遵守規定へと変化しました。ただし、会社計算規則では、従来と同様に、「この省令の用語の解釈及び規定の適用に関しては、一般に公正妥当と認められる企業会計の基準その他の企業会計の慣行をしん酌しなければならない。」（同規則第3条）というようにしん酌規定のままになっています。

2 *金融商品取引法会計

国民経済の適切な運営および投資家の保護に資するために、「金融商品取引法」や「財務諸表等規則」によって規制されている会計を金融商品取引法会計といいます。

会社が1億円以上の有価証券を募集したり発売したりするときには、内閣総理大臣に届出なければなりません。さらに証券取引所に上場している会社も、毎期、公認会計士または監査法人の監査を受けた財務諸表を財務局に提出しなければなりません。その財務書類のうち、貸借対照表・損益計算書・株主資本等変動計算書等の財務諸表の用語、様式および作成方法を規定しているのが財務諸表等規則および同ガイドラインです。

財務諸表等規則は、原則的に企業会計原則の精神を受けつぎ、財務局に

＊金融商品取引法
　証券取引法等の一部を改正する法律、すなわち、金融商品取引法（いわゆる投資サービス法）が、平成18年6月14日に公布され、同年7月4日から段階的に施行され、平成19年12月までにすべて施行され、証券取引法は金融商品取引法に全面移行されました。

提出する財務諸表の形式面を規定したものです。また、同ガイドラインは、同規則の適用にさいして詳細な事項を指示しています。しかし、この規則において定めのない事項については、一般に公正妥当と認められる企業会計の基準に従うこととされています。

金融商品取引法関係ではこのほかに、親子会社の財務諸表の連結に関して、連結財務諸表規則・同ガイドラインがあります。また、四半期財務諸表の作成に関しては、四半期財務諸表規則・同ガイドラインおよび四半期連結財務諸表規則・同ガイドラインがあります。

建設業を営む株式会社が金融商品取引法の規定により提出する財務諸表については、財務諸表等規則第2条の規定により建設業法施行規則の定めによることになりますが、財務諸表等規則ガイドライン別記事業関係1により関係会社に対する表示や有形固定資産、純資産の部の表示等について財務諸表等規則に従った処理が要求されています。

3 商法会計・会社法会計と金融商品取引法会計との調整

商法会計・会社法会計は、その目的として、株主・債権者の保護を目的として、利益分配の限度額（配当可能利益・商法または分配可能額・会社法）を算定する目的と、これらの者の投資判断に資するための情報提供目的との2つを併せ持つのに対し、金融商品取引法会計は、もっぱら公益または投資者保護の情報提供目的であると考えられていました。

平成14年4月から平成16年3月に至る数次の商法改正において、金融商品取引法会計が従う企業会計原則等の会計基準・会計慣行とのすり合わせを、会計処理、計算書類における表示のレベルにおいて行われてきました。

会社法では、第431条で、会計処理や表示の問題に関しては、一般に公正妥当と認められている会計慣行に従う方向で規定の整備をすることが明らかにされました。

金融商品取引法会計は、情報提供目的のために整備された会計体系であり、その内容は、主として会計処理および表示の部分ということになり、財務諸表における「資本の部」を「純資産の部」に改め、株主資本等変動

計算書が導入されるなど会社法に合わせる形での改正が平成18年4月に公布されました。

これにより、従来争いがあった、商法会計と金融商品取引法会計の差異という争点は、会社法のもとで、会社法会計が全面的に証券取引法に合わせるという方向で調整され、そのような争点はなくなったものと思われます。

4 税法会計

課税目的のため法人税法等の「税法」によって規制されている会計を税法会計といいます。

会社が法人税を納付する場合には、法人税法関係の規定に準拠して課税所得を計算しなければなりません。これには、法人税法、同施行令、同施行規則、租税特別措置法、同施行令、同施行規則、法人税基本通達等があります。

1 確定決算基準

法人は、原則として各事業年度終了の日から2か月以内に税務署長に対して、確定した決算に基づいて課税所得と税額を記載した納税申告書を提出しなければなりません。ここでいう確定した決算とは、商法の規定により作成され、かつ株主総会の承認決議により確定した計算書類を基礎にして課税所得を計算することをいいます。ただし、法人税法は、税負担の公正性、社会的公平性のほか、産業政策その他租税政策上の配慮を加えて制定されているため、課税所得は、企業会計上の利益金額を基礎としながらも、これに法人税に関する法令の別段の定めによる一定の調整（税務調整）を加えて誘導的に算出されます（確定決算基準）。

2 別段の定め

法人税法は、課税所得を会社法や公正妥当な企業会計の慣行によって計算される収益の額および費用・損失の額を基礎とし、これに、法人税法関

係法令の「別段の定め」による一定金額を加算または減算して誘導的に計算することとされています。法人税法関係法令の個別規定は、課税所得の計算に関して必要な事項のすべてを完結的、自足的に規定しているわけではなく、むしろ明文の規定による定めのないものが多いのが実情です。

③ 一般に公正妥当と認められる会計処理の基準

そして、税法に規定のない部分については、法人の会計処理が適正な企業会計の慣行に従っていれば、そのまま課税所得の計算に受け入れられることになるのです。

たとえば、収益の帰属時期については、特例基準として割賦基準、延払基準、工事進行基準を規定するのみで、一般的な収益の認識基準について定めていません。したがって、一般的な収益の認識基準については、「一般に公正妥当と認められる会計処理の基準」によることとなります。

④ 損金経理

法人税法に基づく減価償却費の計算、資産の評価損の計上、引当金勘定への繰入れなど一定の内部計算に基づく費用については、その金額が外部的には確認されないものであることおよび法人の最高意思決定機関である株主総会等の承認によって最終的に決定するものであることなどを考慮して、税務上法人が確定した決算において費用または損失として計上することを条件として課税所得の計算上損金の額に算入すること（決算調整）としています。この確定した決算において費用または損失として経理することを損金経理と呼んでいます。

これらの内部計算にかかる費用については、税法は一定の限度を設け、その範囲内において法人の計算に基づく金額を課税所得計算上も最終のものとし、申告調整で変更はできないものとしています。

⑤ 税務中心の会計処理

減価償却費の計算などの内部計算事項については、この確定決算主義の

ために税務中心の会計処理を行い、税務上認められる限度まで計上すれば、監査上妥当な会計処理と認められることから、実質的には、会社法会計が税法会計に従属するかたちになっています。

こうした会社法会計・税法会計の内容の大幅な一致の傾向を前提として、確定決算に基づく企業利益に対して、限度超過の減価償却費の損金不算入、利益処分による積立金方式での諸準備金の算入といった調整計算（申告調整）を適用して課税所得を決定する方式が広く適用されているのが実情です。

一方、税務会計は税務当局に対する申告書の提出という特殊な目的に限定されていますので、財務内容の開示を主眼とする金融商品取引法会計や会社法会計とは区別されます。

6 税務会計と企業会計の"かい離"と税効果会計の導入

平成8年11月の政府税制調査会の報告書で税法と商法・企業会計原則との関係について次の見解が表明されました。

「a 我が国の法人税法の課税所得計算においては、これまで、商法・企業会計原則との調和が図られてきたところである。

b 商法、企業会計原則、税法はそれぞれ固有の目的と機能を持っている。

c 法人税の課税所得は、今後とも商法・企業会計原則に則った会計処理に基づいて算定することを基本としつつも、適正な課税の実現という税法固有の観点から必要に応じ、商法・企業会計と異った取扱いとすることが適切である。」

平成10年度税制改正では、賞与引当金、退職給与引当金、製品保証等引当金（完成工事補償引当金を含む。）は、段階的に廃止または縮小されることとなりました。税制改正にしたがって会計方針を変更することは、監査上認められませんので、企業会計上有税による引当金を計上することが必要となりました。

7 会社法による改正

　会社法では分配可能額の基礎となる剰余金について、その他資本剰余金とその他利益剰余金の区別はなくなりましたが、配当課税においては、会社法の規定とは異なり、原資がその他利益剰余金であるか、その他資本剰余金であるかによって、留保利益からの配当（みなし配当を含む。）と払込資本の払戻しとに明確に峻別しているなど、会社法と税法とのかい離は一層進んだものと思われます。

　しかし、一方では、企業組織再編で非適格となり、移転資産を時価で評価・課税する場合における「のれん」の扱いなど、税法が企業会計に歩み寄り、その範囲で会社法とのつながりを深めた部分もあります。

第5章　財務諸表

1　意　義

　財務諸表とは、企業の財政状態および経営成績を判断するために必要な会計事実を、企業の利害関係者に定期的に報告するために作成される財務に関する計算書類です。また、財務諸表は財務に関する計算書類ですから、それは会計帳簿の記録を基礎として作成され、科目と金額とを一定の方法で配列表示した書類です。

2　役　割

　財務諸表は、企業における経営活動、すなわち企業資本金の調達と運用の状況ならびにその成果を企業の利害関係者に対して報告するために作成する書類です。財務諸表のうち、損益計算書は、一定期間の経営成績を表わし、貸借対照表は期末時点における財政状態を表わします。

　もともと財務諸表は、企業の所有と経営の分離を背景として、企業資本の運用を委ねられた経営者がそれらの資本を委任した株主に対して、その受託責任を履行するために作成されたものです。企業規模の拡大化にともない、企業を取り巻く株主、債権者、従業員、消費者、地域住民、国、地方公共団体等の利害関係者が増大するにつれて、財務諸表の役割も多様化し、次に掲げるように、各種の利害関係者の意思決定に有用な情報を提供するための社会的手段として利用されるようになりました。

① 株主、債権者に対して投資意思決定に有用な情報、すなわち企業の収益力、企業財務の安全性に関する情報

② 従業員の生活向上や安全性の確保に関する情報
③ 消費者に対するサービス向上に関する情報
④ 地域住民に対し、公害防止その他自然環境の保全に関する情報
⑤ 国、地方公共団体に対し、課税の基礎となる企業利益に関する情報
⑥ 経営管理者に対し、経営計画および経営統制に役立つ情報

3 財務諸表の体系

1 企業会計原則

企業会計原則における財務諸表の体系は、次のとおりです。
① 損益計算書
② 貸借対照表
③ 財務諸表附属明細書
④ 利益処分計算書

財務諸表は企業資本の運動過程を測定し報告するものですから、一会計期間における企業資本の運動成果を表示する損益計算書と、その運動成果たる資本の調達と運用の状態を表示する貸借対照表の2つが、基本財務諸表です。このうち、企業会計原則は、投資家保護の観点から損益計算重視の考え方に立ち、損益計算書を第1順位とした財務諸表の体系を定めています。

また、金融商品取引法のもとに適用される財務諸表等規則は、企業会計原則と同じ観点に立つため、財務諸表の体系としては企業会計原則と同じですが、強行法規たる会社法の影響をうけて、貸借対照表を第1順位としている点が企業会計原則と異なります。

2 会社法

会社法は、第435条および会社計算規則第91条により、次に掲げる①～④の計算書類と⑤の事業報告および⑥の附属明細書の作成を義務づけています。

① 貸借対照表
② 損益計算書
③ 株主資本等変動計算書
④ 個別注記表

　計算書類は上記の①～④の４つで、利益処分案または損失処理案という計算書類は存在しないこととなりました。配当は剰余金の問題に、役員賞与は報酬の問題に、準備金の取崩し等は純資産の部の計数変動の問題として③の問題となっています。

　株主資本等変動計算書とは、損益計算書を経由しない資本取引による資本金、準備金、剰余金の計数変動を記録した計算書類です。

　個別注記表とは従来の貸借対照表等の注記事項を記載した計算書類です。

　旧商法の営業報告書は、事業報告に用語変更されました。事業報告は、会社の状況に関する重要な事項として、内部統制システムなどを内容としなければなりませんが、公開会社では特則により記載事項が追加され、計算以外の内容を含むため、計算書類には含まれなくなりました。

　附属明細書は、会社法で、事業報告と個別注記表が従来と比較して充実しましたので、簡素化されています。

3　建設業法

　建設業法は、建設業の許可申請書の添付書類として、法人である場合は次の財務書類を国土交通大臣または都道府県知事に提出することを義務付け、同施行規則にその様式が定められています。

① 貸借対照表
② 損益計算書・完成工事原価報告書
③ 株主資本等変動計算書
④ 注記表

株式会社（小会社を除く。）である場合は、

⑤ 附属明細表

　また、建設業の許可を受けた建設業者は*毎営業年度経過後４か月以内

に、これらの書類および株式会社である場合は、
　⑥　事業報告（株式会社のみ）
を国土交通大臣または都道府県知事に提出しなければなりません。

　法人が作成する貸借対照表および損益計算書に記載する勘定科目の内容については、国土交通省告示・勘定科目の分類が定められています。

4　会社法会計

　従来、株式会社の決算書は、商法上の計算書類として、貸借対照表、損益計算書、営業報告書、利益処分案とその附属明細書を作成すべきこととされていました。

　従来の商法では、配当等の利益処分（または損失処理）は株主総会の決議事項とされていたため、損益計算書では、当期純利益に前期繰越損益等を加算・減算して当期未処分利益を算出し、貸借対照表では、資本の部の利益剰余金のうち当期未処分利益の金額と相互一致を確認し、当期未処分利益は利益処分案に計上され、総会の決議により配当等として処分されていました。

　平成18年5月から「会社法」が適用され、計算書類として、①貸借対照表、②損益計算書、③株主資本等変動計算書、④個別注記表の4つとされ、利益処分案・損失処理案は存在しないこととされました。決算書として、以上の計算書類のほか、⑤事業報告および⑥附属明細書を作成すべきこととされました。

　④個別注記表は従来の貸借対照表等の注記事項を一表に記載した計算書類で、③株主資本等変動計算書は、損益計算書を経由しない資本取引による資本金、準備金、剰余金の計数変動を記録した計算書類です。

　会社法では、株主総会の決議なしで一定の範囲内で、一事業年度内に何回でも配当等ができます。この配当等は株主資本等変動計算書の繰越利益

＊毎営業年度経過後4か月以内
　平成6年6月の建設業法の改正（法律第63号）により、3か月以内から4か月以内に延長されました。

剰余金の減少として記載されます。損益計算書は当期純利益まで算出し、その結果が株主資本等変動計算書の繰越利益剰余金の増減として記載されます。株主資本等変動計算書の期末残高は貸借対照表の純資産残高と一致します。

5　3つの財務諸表の相互関係

　建設業法に基づく許可申請者の添付書類および毎営業年度経過後に届出を必要とする財務書類、会社法に基づく計算書類、金融商品取引法に基づく有価証券報告書の財務諸表の3つの財務情報の開示制度の改正に重要な影響を与える共通の基本ルールとして、「企業会計原則」があります。「原価計算基準」は、とくに原価に関して規定したもので、企業会計原則の一環をなすものと考えられています。

　これらの3つの財務諸表の相互関係を、その会計ルールに関連づけてまとめると次頁の図表のようになります。

図表　建設業における開示制度

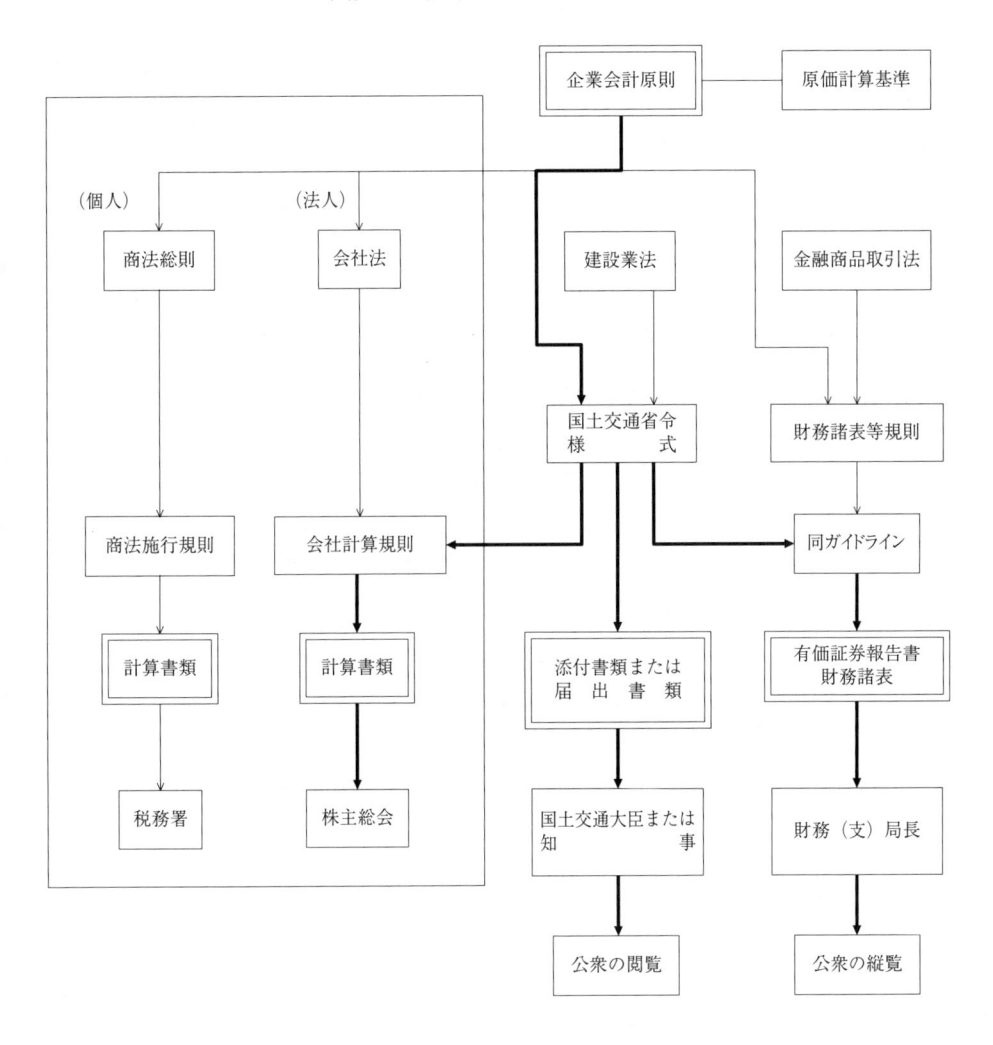

```
                                    ┌──────────────┐   ┌──────────────┐
                                    │  企業会計原則  │───│  原価計算基準  │
                                    └──────┬───────┘   └──────────────┘
                                           │
  ┌────────────┬────────────┬──────────────┼──────────────┐
  (個人)       (法人)                                      │
  ┌────────┐  ┌────────┐  ┌────────┐                ┌──────────────┐
  │ 商法総則 │  │  会社法 │  │ 建設業法 │                │ 金融商品取引法 │
  └────┬───┘  └────┬───┘  └────┬───┘                └──────┬───────┘
       │           │           │                           │
       │           │       ┌───▼────────┐           ┌──────▼───────┐
       │           │       │ 国土交通省令 │           │ 財務諸表等規則 │
       │           │       │   様　　式  │           └──────┬───────┘
       │           │       └───┬────────┘                  │
       │           │           │                           │
  ┌────▼───┐  ┌────▼───────┐   │                    ┌──────▼───────┐
  │商法施行規則│ │ 会社計算規則 │◄──┤                  ─►│  同ガイドライン │
  └────┬───┘  └────┬───────┘   │                    └──────┬───────┘
       │           │           │                           │
  ┌────▼───┐  ┌────▼───┐  ┌────▼──────┐             ┌──────▼───────┐
  │ 計算書類 │  │ 計算書類 │  │添付書類または│             │ 有価証券報告書 │
  └────┬───┘  └────┬───┘  │ 届 出 書 類 │             │   財務諸表    │
       │           │      └────┬──────┘             └──────┬───────┘
       │           │           │                           │
  ┌────▼───┐  ┌────▼───┐  ┌────▼──────┐             ┌──────▼───────┐
  │  税務署 │  │株主総会 │  │国土交通大臣または│         │  財務（支）局長 │
  └────────┘  └────────┘  │  知    事  │             └──────┬───────┘
                          └────┬──────┘                    │
                               │                           │
                          ┌────▼──────┐             ┌──────▼───────┐
                          │ 公衆の閲覧 │             │  公衆の縦覧   │
                          └───────────┘             └──────────────┘
```

第6章　会計帳簿

1　複式簿記の帳簿体系

建設業における帳簿組織は図表のとおりです。

図表　帳簿組織

```
                    （主要簿）
取引 → 仕訳帳 ─────→ 総勘定元帳 ─────→ 試算表
          │
          │                    ┌ 現金出納帳
          │                    │ 当座預金出納帳
          │         ┌→（補助記入帳）┤ 小口現金出納帳
          │         │          │ 受取手形記入帳
          │         │          └ 支払手形記入帳
          └→（補助簿）┤
                    │          ┌ 得意先元帳
                    │          │ 工事未払金元帳
                    └→（補助元帳）┤ 仮払金元帳
                               │ 材料元帳
                               │ 工事台帳
                               └ 有価証券元帳
```

1　主要簿

複式簿記を実施するうえで最低限必要な帳簿を主要簿といい、仕訳帳と総勘定元帳がこれに該当します。主要簿は企業の経営活動の取引を全般にわたって記録するのが目的であり、すべての取引を仕訳帳へ記録し、これ

を総勘定元帳へ転記します。その記録の正否を試算表により検証し、決算書作成に至る全体的把握をすることが主要簿の目的です。

最も基本的な帳簿組織は、原始記録としての記帳資料（証憑）に基づき取引を仕訳帳で仕訳し、それから総勘定元帳に転記する方法で、これを単一仕訳帳・元帳制といいます。

　　　　　　　　　　　（仕訳）　　　（転記）　　　　（検証）
　　　（取引）→ 記帳資料 → 仕訳帳 → 総勘定元帳 → 試算表

2 補助簿

(1) 補助簿とは

補助簿は、特定の取引または総勘定元帳のなかで重要な勘定の詳細記録を作るために、必要に応じて設けられる内訳簿であり、そのしくみによって、補助記入帳と補助元帳とに大別されます。

補助記入帳は、仕訳帳で仕訳された特定の取引明細を発生順に記録するために設けられたもので、現金出納帳、当座預金出納帳などがこれに属します。

補助元帳は、総勘定元帳のなかで特定の勘定記録の明細を口座別に記帳する目的で設けられたもので、得意先元帳、工事台帳などがあります。

(2) 補助簿の機能

補助簿は、主として経営管理の必要から作成されるもので、その種類や形式は必ずしも定型的なものはなく、補助簿作成の目的に合致すればよいのです。また、補助簿の機能については、元帳の特定勘定の内訳明細表としての機能をもつとともに、元帳記録の正確性を補完する機能をもっています。

3 仕訳帳への記入

(1) 仕訳帳の形式

仕訳帳は、取引の発生順に仕訳を行う帳簿をいいます。この仕訳帳の形

式と記入例を次に示します。

仕 訳 帳　　　　　（並立式）

平成○年		摘　要	元丁	借　方	貸　方
4	1	（現　金）	101	300,000	
		（資本金）	301		300,000
		元入れして建設業を開業			
	2	（現　金）	101	150,000	
		（借入金）	210		150,000
		関東銀行から借入			
	5	諸　口（現　金）	101		310,000
		（備　品）	125	250,000	
		（事務用品費）	510	60,000	
		応接セット、電卓他購入			
	30				
				1,230,000	1,230,000

（照合）

(2) 仕訳帳の機能

　仕訳帳には企業で発生したすべての取引が日付順に記録されていることから、仕訳帳は企業の経営活動の歴史を示しています。また、仕訳帳は、取引を総勘定元帳の勘定口座へ記入する際の仲介簿の働きをしています。

4　元帳転記

(1) 元帳の形式

　元帳の形式と記入例を、前記3の仕訳帳に基づいて現金勘定と資本勘定について示すと次のとおりです。

元　帳　　　　　　　　　（標準式）

現　金　　　　　　　　　　　101

平成○年		摘要	仕丁	借方	平成○年		摘要	仕丁	貸方
4	1	資本金	1	300,000	4	5	諸　口	1	310,000
	2	借入金	1	150,000					

資　本　金

平成○年		摘要	仕丁	借方	平成○年		摘要	仕丁	貸方
					4	1	現　金	1	300,000

　上に例示した元帳の形式は標準式と呼ばれ、このほかに、次に例示する残高式があります。上例の現金勘定を残高式で示すと次のとおりです。

現　金　　　　　　　　　　　（残高式）

平成○年		摘要	仕丁	借方	貸方	借/貸	残高
4	1	資　本　金	1	300,000		借	300,000
	2	借　入　金	1	150,000		〃	450,000
	5	諸　　　口	1		310,000	〃	140,000

（注）「借／貸」の欄は、当勘定の残高が借方・貸方のいずれかを示します。

(2)　元帳の機能

　元帳には、その企業における取引記録に必要なすべての勘定口座が設けられていなければなりません。仕訳帳で仕訳記入された取引はすべて元帳各口座に転記されます。したがって、元帳は企業の資産・負債・純資産および費用・収益のすべてにつき、勘定科目別にその増減変化を記録計算し、残高を表示する最も重要な帳簿であり、これによって企業の財政状態や経営成績を知ることができます。決算にさいしては、損益計算書や貸借対照表を作成するための直接の資料となります。

5 伝 票

(1) 伝票の種類

　最近、伝票会計が普及しており、仕訳帳の代わりに伝票を用いることが多くみられます。伝票とは取引を記録するための一定の形式を備えた紙片をいいます。伝票には、仕訳伝票および入金伝票・出金伝票・振替伝票などの種類があります。

　簿記の主要な手続を、仕訳表と総勘定元帳を主要簿とする帳簿組織によって行っている場合、転記作業に多くの労力と時間を要し、誤記入や転記漏れも発生します。そこで、会計取引をすべて会計伝票に記載し、仕訳も伝票上に表示してから、同種類の伝票を集めて、その合計額を記入したり、伝票をつづり合わせて仕訳帳の代用とする方法や、複写式伝票を使用して複写伝票を分類整理して帳簿とすることにより転記を省略することが行われています。これらのしくみを伝票会計といいます。

　伝票会計には、1伝票制、3伝票制、5伝票制、複写式伝票制の方法があります。ここでは、1伝票制と3伝票制を説明します。

(2) 1伝票制（仕訳伝票）

　取引を固有の仕訳形式で記入できるようにした伝票を仕訳伝票といい、この伝票によってすべての取引を記入します。仕訳伝票を取引発生順にファイルすれば、仕訳帳に代用することができ、したがって元帳には仕訳伝票から直接転記します。

　しかし、補助元帳には仕訳伝票から直接転記しますが、総勘定元帳には1日の同種取引（勘定科目別）を集計して合計転記するのが普通です。この場合、仕訳日計表を作成して合計転記するのが便利です。

　伝票から元帳へは伝票1枚ずつ転記するのが原則ですが伝票枚数が多く転記に手数や時間がかかる場合には、1日分とか10日分の伝票をまとめて転記することも行われます。これを合計転記といいます。

(3) 3伝票制（入金伝票・出金伝票・振替伝票）

　企業の取引を現金の収支の観点から分類すると、入金取引、出金取引、

現金収支を伴わない振替取引とに区分できます。入金取引は入金伝票（普通は赤色）に、出金取引は出金伝票（普通は青色）に、それ以外の振替取引には振替伝票（普通は黒色）に記入します。入金伝票、出金伝票には相手勘定科目と金額だけを記入すればよいのですが、振替伝票には普通の仕訳形式で記入しますので、仕訳伝票と同じ扱いをするわけです。

振替取引には、全く現金収支を伴わない全部振替取引と一部現金収支を伴う一部振替取引とがあり、後者の一部振替取引については、次の２つの方法があります。

① 現金収支部分については入金伝票または出金伝票に記入し、残額については全部振替取引と同様に振替伝票に記入します。
② 取引金額で振替伝票に記入し、現在収支部分については入金伝票または出金伝票に記入します。

補助元帳には各伝票から直接転記しますが、総勘定元帳には、毎日、週末、10日ごと、月末などの一定期間に勘定科目ごとに集計して合計転記するのが普通です。この場合、伝票集計表または仕訳集計表を作成して行うのが一般的で、特に毎日合計転記をするときに作成する仕訳集計表を仕訳日計表といいます。

6 証憑（証票）

証憑は、入金伝票や出金伝票を仕訳帳へ記入する際の基礎となる証書資料のことをいい、納品書、請求書、契約書などの、外部からの書類だけでなく、小切手帳控、内部取引の発生を証明する書類なども含まれます。

また証憑自体を仕訳帳などに代わるもの（証憑と伝票を合わせたもの）として直接利用する方法も行われています。

2　帳簿に関する会計法規

1　会計原則

　企業会計原則は、企業会計における会計記録の要件および記録と財務諸表との関係について、一般原則二に正規の簿記の原則を設けています。
　この原則によれば会計記録は次の要件を具備していなければならないとされています。

① 企業の財政状態および経営成績に影響を与える取引は漏れなく記録されなければなりません（網羅性・完全性）。
② 会計記録は企業の財政状態および経営成績が明らかになるように体系的組織的に行わなければなりません（体系性・秩序性）。
③ 会計記録はその記録の正当性を立証しうる証拠に基づいて行わなければなりません（立証性・挙証性）。

　さらに、正規の簿記の原則は、財務諸表は記録に基づいて作成されるべきことを規定しています。すなわち、財務諸表は会計記録を定期的に測定・分類し総括整理して作成すべきものであって、記録に依拠しない実地たな卸に基づくものではないとしています（誘導法）。

2　会社法

(1) 会計の原則

　株式会社の会計は、一般に公正妥当と認められる企業会計の慣行に従うものとする（会社法第431条）と規定されており、会社計算規則第3条（会計慣行のしん酌）では、この省令の用語の解釈および規定の適用に関しては、一般に公正妥当と認められる企業会計の基準その他の企業会計の慣行をしん酌しなければならないとしています。

(2) 会計帳簿の作成および保存

　株式会社は会社計算規則の定めるところにより、適時に、正確な会計帳簿を作成しなければならない（会社法第432条）としています。

株式会社は、会計帳簿の閉鎖の時から10年間、その会計帳簿およびその事業に関する重要な資料を保存しなければならないとしています。

(3) **会計帳簿の提出命令（会社法第434条）**

裁判所は、申立てによりまたは職権で、訴訟の当事者に対し、会計帳簿の全部または一部の提出を命ずることができます。

会計帳簿には、主要簿（仕訳帳と総勘定元帳）と補助簿（現金出納帳、受取手形記入帳等）とが含まれます。

3 商法総則

会社法成立により個人事業者である商人の営業、商行為その他商事については、商法の定めによることとされました（商法第1条）。

商法総則第5章商業帳簿第19条では次のとおり規定されています。

商人の会計は、一般に公正妥当と認められる会計の慣行に従うものとする（第1項）とされています。

商人は、その営業のために使用する財産について、商法施行規則第3章商業帳簿第4条（通則）から第8条（貸借対照表の区分）までの規定により、適時に、正確な商業帳簿（会計帳簿および貸借対照表）を作成しなければならない（第2項）としています。

商人は、帳簿閉鎖の時から10年間、その商業帳簿および営業に関する重要な資料を保存しなければならない（第3項）としています。

裁判所は、申立てによりまたは職権で、訴訟の当事者に対し、商業帳簿の全部または一部の提出を命ずることができる（第4項）としています。

4 税 法

青色申告法人は、所定の帳簿を備え、資産、負債に影響を及ぼす一切の取引を、複式簿記の原則に従って、整然、かつ、明瞭に記録し、その記録に基づいて決算を行わなければなりません。帳簿は、少なくとも仕訳帳および総勘定元帳に備え付け、これに所定の事項を記載し、決算においては、たな卸表、貸借対照表および損益計算書を作成しなければなりません。

また、帳簿書類は整理して原則として7年間保存しなければなりません。
　税法においても、会計記録の要件および記録と財務諸表との関係については、企業会計原則の正規の簿記の原則に規定している内容とほぼ同一です。しかし、税法は、公平な税負担という理念から課税所得の算定に種々の規定を設け、現行の会計実践に重要な影響を与えています。

第2編　建設会社の財務諸表

第1章　建設業法で定める財務諸表

1　建設業法における財務諸表の提出

　建設業を新しく営もうするものは、*軽微な工事だけを請け負うことを営業とする者を除いて建設業法に基づき、国土交通大臣または都道府県知事に許可申請書（*5年ごとに更新）を提出しなければなりません。この申請書の添付書類に貸借対照表、損益計算書、株主資本等変動計算書、注記表および附属明細表（以下、財務書類という。）が規定されています。
　また、許可を受けた建設業者は、毎営業年度経過後4か月以内にこれらの書類および株式会社である場合は事業報告を、*国土交通大臣の許可を受けている建設業者については、その主たる営業所の所在地を管轄する都

＊軽微な工事
　工事1件の請負代金の額（消費税額を含む。）が建築一式工事にあっては1,500万円に満たない工事または延べ面積が150㎡に満たない木造住宅工事、建築一式工事以外の建設工事にあっては、500万円に満たない工事（建設業法施行令第1条の2）。
＊5年ごとに更新
　平成6年6月の建設業法の改正（法律第63号）により建設業の許可の有効期間が3年から5年に延長されました（建設業法第3条第3項）。新規に建設業の許可を取得しようとする者にあっては、許可の申請日が、また、許可の更新を受けようとする者にあっては従前の許可の有効期間が、それぞれ改正規定の施行日・平成6年12月28日よりも前であれば有効期間3年の許可が与えられ、施行日よりも後であれば有効期間5年の許可が与えられます。また、許可の更新の申請があった場合において、従前の許可の有効期限までに更新申請に対する処分がされないときは、従前の許可はなおその効力を有するものとされました（建設業法第3条第4項）。
＊国土交通大臣許可
　2以上の都道府県の区域内に営業所（本店又は支店もしくは常時建設工事の請負契約を締結する事務所）を設けて営業する場合。

道府県知事を経由して国土交通大臣に、*都道府県知事の許可を受けている者は、その都道府県知事に提出しなければなりません。

建設業法施行規則によれば、前記の許可申請および許可後に提出する財務書類は、法人の場合、様式第15号貸借対照表、様式第16号損益計算書および完成工事原価報告書、様式第17号株主資本等変動計算書、様式第17号の2注記表、様式第17号の3附属明細表が、個人の場合、様式第18号貸借対照表、様式第19号損益計算書が規定されています。

各様式にはひな型、記載上の注意が定められています。また、これらに記載された勘定科目の内容について国土交通省告示により勘定科目の分類が示されています。

2　会社法上の財務諸表

株式会社は、各事業年度に係る計算書類として、貸借対照表、損益計算書、株主資本等変動計算書、注記表の4つの書類と事業報告とこれらの附属明細書を作成しなければならない（会社法第435条第2項）としています。

計算書類および事業報告の株主総会への提出および承認については次のとおりとなっています。

監査役設置会社および会計監査人設置会社は監査済計算書類および事業報告を定時株主総会へ提出し承認を受けなければなりません。この場合、事前の取締役会承認は不要となりました。

取締役会設置会社は、取締役会承認済の計算書類および事業報告を定時株主総会へ提出し承認を受けることになります。

それ以外の株式会社は、計算書類および事業報告を定時株主総会へ提出し承認を受けることになります。

会計監査人設置会社については、取締役会の承認を受けた計算書類が法令および定款に従い、会社の財産および損益の状況を正しく表示している

＊知事許可
　1の都道府県の区域内にのみ営業所を設けて営業する場合。

ものとして一定要件を満たす場合には、定時株主総会での承認は不要となり、その定時株主総会で報告すれば足りる（会社法第439条）としています。

貸借対照表および損益計算書の記載方法については、会社計算規則では特に規定していませんが、同規則第146条第1項において、建設業法施行規則の定めるところによると規定しています。

貸借対照表の省令様式は報告式を規定しています。会社法上作成する貸借対照表の様式は、勘定様式または報告様式のいずれによることもできることになっています。

したがって、建設業法施行規則別記様式に基づいて作成した貸借対照表および損益計算書の一部を組替えあるいは省略することによって、会社法上の計算書類となります。

第2章　貸借対照表

1　貸借対照表の原則

(1)　貸借対照表の本質

　貸借対照表は、企業の財政状態を明らかにするために、一定時点における資産、負債および純資産の在高を一表にまとめた計算表です。

　貸借対照表の目的を財政状態の表示に求める立場と、期間損益計算の補助手段として理解しようとする立場の2つがあります。財産貸借対照表は、前者の立場に立っており、企業における資産および負債の実地たな卸を行い、これに基づいて貸借対照表が作成されます（たな卸法）。これに対して、決算貸借対照表は、後者の立場に立ち、当期の期間損益計算に計上されなかった未解決項目の残高を計上するものとして、継続的な帳簿記録に基づいて誘導的に貸借対照表が作成されます（誘導法）。

(2)　貸借対照表完全性の原則

　貸借対照表完全性の原則は、利害関係者に企業の財政状態を正しく理解させるために、決算日現在において、企業に属する資産、負債および純資産を、すべて貸借対照表に計上しなければならないとする原則で、網羅性の原則ともいわれます。

　ただし、重要性の原則の適用により、正規の簿記の原則に従って処理された場合に生じた簿外資産および簿外負債に限り、これを貸借対照表に記載しないことができます。

2 資産評価の原則

　資産・負債・純資産のうち、資産に関して価額の評価がとくに問題になります。資産は原価主義、費用配分の原則、低価主義などにより評価されます。

(1) **評価基準**

　① 原価主義

　　原価主義とは、資産を実際の支出額たる取得原価に基づいて評価する方法であり、決算貸借対照表における資産の評価は、この原価主義によることを原則としています。この資産の取得原価は、資産の種類に応じた費用配分の原則に基づき、各事業年度に費用として配分され、当期の費用に配分されなかった額が、貸借対照表上資産として計上されることになります。

　② 時価主義

　　時価主義には、決算時における資産の売却時価に基づく売却時価主義と、決算時における購入または取得予想価額に基づく再調達原価主義の2つがあります。これらは財産貸借対照表における資産の評価として用いられ、開業、破産、清算時等には売却時価が、営業譲渡時等には再調達原価が採用されます。

　③ 低価主義

　　低価主義とは、原価と時価のいずれか低い方の価額をもって資産の価額とする方法です。これは原価主義の例外としてその採用が認められています。

(2) **各種資産の評価**

　① ＊貨幣性資産の評価

　　現金および預金については、評価の問題は生じませんが、その他の貨幣性資産は、原則として回収可能額を基準として評価されます（評価性引当金）。ただし、有価証券については、原則として取得原価で評価することとし、例外的に時価主義を採用することができます。

② ＊費用性資産の評価

原価主義を基準として費用配分の原則を適用することにより評価します。ただし、たな卸資産については、低価主義の採用が認められ、また強制低価法の適用があります。

3 貸借対照表の開示原則

財政状態を明瞭に表示するために、一般原則の明瞭性の原則の適用形態である次の基準に基づいて区分・配列・分類をしなければなりません。

(1) 貸借対照表総額主義の原則

貸借対照表総額主義の原則は、資産、負債および純資産は、原則として総額によって記載し、資産の項目と負債または純資産の項目とを相殺し、その残高のみを貸借対照表に表示することを禁止する原則であり、貸借対照表完全性の原則の一形態です。

(2) 貸借対照表区分の原則

貸借対照表区分の原則は、資産、負債および純資産を一定の基準に従って区分し、その区分ごとに表示することを要求する原則です。

貸借対照表は、資産の部、負債の部および純資産の部に区分し、資産の部はさらに流動資産、固定資産および繰延資産に、負債の部は流動負債および固定負債に、純資産の部は株主資本、評価・換算差額等、新株予約権に区分します。

流動・固定区分の基準には、ワン・イヤー・ルールと営業循環基準があ

＊貨幣性資産　＊費用性資産

現在ないし近い将来に現金化されうる資産も含めて貨幣性資産と呼ばれ、現金預金、有価証券、売上債権、未収金、貸付金等がこれに相当します。

将来、費用となる資産を一般に費用性資産といいます。近い将来、貨幣となり得る資産および貨幣自体を貨幣資産と呼び、それ以外の資産を非貨幣資産と呼びます。費用性資産という呼称は非貨幣資産の本質を、より明確に表現したものです。

資産を貨幣資産と費用性資産に二分すると、いずれにも属さない項目が生じ得るため、通常は貨幣資産・非貨幣資産の二分法が用いられます。

資産評価よりも、損益計算を重視するのが近代会計学の特徴であり、費用は支出額で測定されるため、資産も支出額、つまり取得原価で評価されることになります。

ります。企業会計原則は、営業循環基準を原則的な区分基準とし、これを補足するものとしてワン・イヤー・ルールを採用しています。

(3) **貸借対照表配列の原則**

貸借対照表配列の原則は、区分の原則によって区分された項目を、一定の配列方法に従って貸借対照表に記載することを要求する原則です。配列方法には、流動性の高い資産および負債を先に掲げる流動性配列法と、それとは逆の固定性配列法とがあります。企業会計原則は、原則として、流動性配列法によるものとしています。

わが国においては、流動性配列法が一般的で、国土交通省令様式も流動性配列法を採用しています。

(4) **貸借対照表科目分類の原則**

貸借対照表科目分類の原則は、貸借対照表に表記する資産、負債および純資産に属する各科目は、一定の基準に従って明瞭に分類しなければならないとする原則です。つまり、各科目は、その性質や内容を示すものでなければならず、また期間比較や企業比較を容易にするためにいったん採用した科目表示はみだりに変更してはなりません。

4 貸借対照表の作成方法

会社法では、貸借対照表は、会社の財産の状態を明確に表示する計算書類の1つとされています。

貸借対照表の作成方法には、左側の資産の部を記載し、右側に負債の部および純資産の部を記載する勘定式と、まず、資産の部を記載し、ついで負債の部、そして純資産の部を順次記載する報告式の2つがあります。

国土交通省令様式は報告式を採っていますが、会社計算規則の第146条第1項（別記事業を営む会社の計算書類についての特例）で貸借対照表については報告式とすることを要するとの定めが、同規則にないため、会社法上作成する場合は、いずれによることもできます。

（勘定式）

貸借対照表

資産の部		負債の部	
流動資産	×××	流動負債	×××
固定資産	×××	固定負債	××× ×××
繰延資産	××× ×××		
		純資産の部	
		株主資本	×××
		資本金	×××
		資本剰余金	×××
		利益剰余金	×××
		自己株式	△××
		自己株式申込証拠金	×××
		評価・換算差額等	×××
		新株予約権	××× ×××
			×××

（報告式）

貸借対照表

資産の部	
流動資産	×××
固定資産	×××
繰延資産	××× ×××
負債の部	
流動負債	×××
固定負債	××× ×××
純資産の部	
株主資本	×××
資本金	×××
資本剰余金	×××
利益剰余金	×××
自己株式	△××
自己株式申込証拠金	×××
評価・換算差額等	×××
新株予約権	××× ×××
	×××

　貸借対照表には、資産の部、負債の部および純資産の部を設け、各部にはその部の合計額を記載します。また資産の部は、流動資産、固定資産および繰延資産に区分し、固定資産はさらに有形固定資産、無形固定資産お

よび投資その他の資産に区分します。負債の部は、流動負債および固定負債に、純資産の部は、株主資本、評価・換算差額等および新株予約権に区分します。

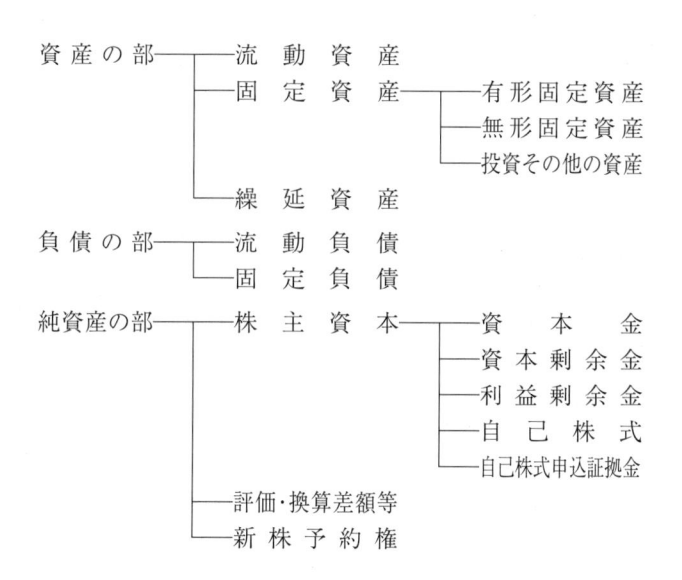

```
資産の部 ─┬─ 流 動 資 産
          ├─ 固 定 資 産 ─┬─ 有形固定資産
          │                ├─ 無形固定資産
          │                └─ 投資その他の資産
          └─ 繰 延 資 産
負債の部 ─┬─ 流 動 負 債
          └─ 固 定 負 債
純資産の部 ─┬─ 株 主 資 本 ─┬─ 資　　本　　金
            │                  ├─ 資 本 剰 余 金
            │                  ├─ 利 益 剰 余 金
            │                  ├─ 自 己 株 式
            │                  └─ 自己株式申込証拠金
            ├─ 評価・換算差額等
            └─ 新 株 予 約 権
```

5　資産の部

1　区　分

　資産を流動資産と固定資産に区分する基準は、営業循環基準と１年基準（ワン・イヤー・ルール）によります（企業会計原則注解16）。営業循環基準は、企業の営業活動における運転資本の循環過程においてあらわれるすべての資産、すなわち、現金→たな卸資産→売上債権→現金というサイクルのなかにあるすべての資産を流動資産とする基準です。１年基準は、営業循環基準によって流動資産とされたもの以外の資産項目について、貸借対照表日の翌日から起算して１年以内に入金の期限が到来する資産を流動資産とする基準です。

　なお、預金、貸付金、その他営業取引以外の取引によって生じた金銭債

権については、1年基準によって、当初の支払期日が1年を超えるものは、固定資産の投資その他の資産の部に記載しますが、それらの長期債権が時の経過にともなって1年以内の短期になった場合も流動資産に振替えず、そのまま投資その他の資産の部に記載することができます。

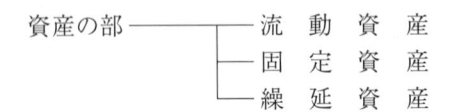

```
資産の部 ─┬─ 流 動 資 産
         ├─ 固 定 資 産
         └─ 繰 延 資 産
```

② 流動資産

　流動資産は、1年以内に入金の期限が到来する資産および営業循環過程においてあらわれるすべての資産をいいます。

　建設業は、建設工事の完成を請け負う営業で、売上の計算については、工事が完成しその引渡しが完了したときに一般製造業の仕掛品に相当する未成工事出資金から直接完成工事原価へ振替えます。したがって、原則として商品、製品に相当する科目は発生しません。

　なお、建設業以外の事業を併せて営む場合には、当該事業の営業取引に係る資産についてその内容を示す適当な科目をもって記載しますが、当該科目の金額が資産の総額の1/100以下のものは、同一性格の科目に含めて記載することができます（様式第15号記載要領6）。

流動資産科目

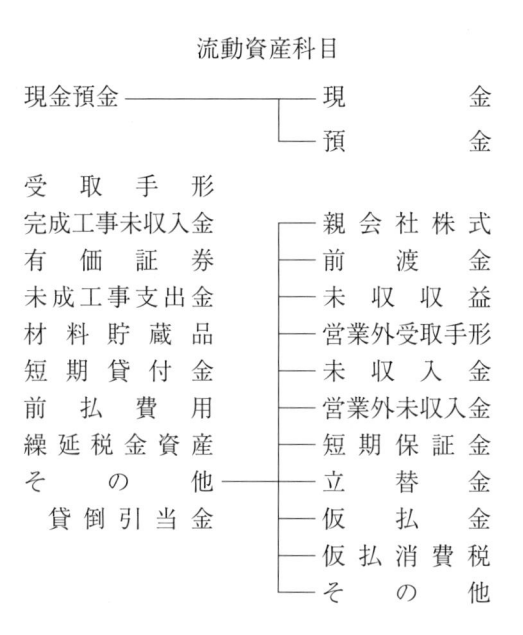

```
現金預金 ─┬─ 現        金
         └─ 預        金

受  取  手  形
完成工事未収入金   ┬─ 親 会 社 株 式
有  価  証  券   ├─ 前   渡   金
未 成 工 事 支 出 金 ├─ 未  収  収  益
材  料  貯  蔵  品 ├─ 営 業 外 受 取 手 形
短  期  貸  付  金 ├─ 未   収   入   金
前  払  費  用   ├─ 営 業 外 未 収 入 金
繰 延 税 金 資 産  ├─ 短  期  保  証  金
そ    の    他 ─┼─ 立    替    金
貸  倒  引  当  金 ├─ 仮    払    金
                ├─ 仮  払  消  費  税
                └─ そ    の    他
```

現金預金

現金

現金、小切手、送金小切手、送金為替手形、郵便為替証書および振替貯金払出証書ならびに期限の到来した公社債の利札等金銭と同一の性質を有するものを記載します。

預金

金融機関に対する預金および掛金、郵便貯金、郵便振替貯金等で履行期が決算期後1年以内に到来するものを記載します。

通常は、普通預金、当座預金、通知預金、定期預金、別段預金、その他の預金等に分けて管理します。

満期日が決算期後1年を超える定期預金等は、固定資産の部の投資その他の資産に記載します。また、未渡小切手は預金（当座預金）となります。

定期預金は、発生主義により決算期においてすでに経過した期間に利率を乗じて未収利息を計上しますが、重要性が乏しい場合は計上しないこともできます。

\[受取手形\]

　工事代金および工事原価の戻入れなど営業取引に基づいて発生した手形債権額を記載します。

　企業本来の営業目的である工事の請負等以外の材料貯蔵品、固定資産、有価証券等を売却してその代金として受け入れた受取手形および工事未収入金、貸付金などに対する利息の受取などに基づいて受け入れた受取手形は、営業外受取手形となります。

　なお、期末において割引手形や裏書譲渡手形がある場合は、これらの期末残高を控除した額が受取手形勘定の残高となります。貸借対照表の作成にあたって、受取手形割引高および受取手形裏書譲渡高の期末残高を注記表に記載します（様式第17号の２注３(2)記載要領６注３(2)）。

\[完成工事未収入金\]

　完成工事高に計上した工事にかかる請負代金の未収額を記載します。

　なお、消費税等の会計処理として税抜方式を採用した場合も、完成工事未収入金には消費税等の未収額が含まれます。

　完成工事未収入金は、完成引渡しをした工事に対する完成工事未収入金と工事進行基準の採用により計算された完成工事未収入金に区別しておく必要があります。後者は、会計の計算上算出された債権で、相手に請求できる債権ではありません。また貸倒引当金の設定対象債権になりません。

　なお、未成工事の出来高に対する未収額は、未収出来高として金銭債権としての会計処理はされませんが、企業の内部計算では、未成工事の出来高計算は欠くことのできない重要なものです。とくに、月次の資金繰りにおいて常に出来高に対しての未収額を把握する必要があります。

\[有価証券\]

　市場価格のある株式および社債（国債、地方債、その他の債券を含む。以下同じ。）で時価の変動により利益を得る目的で保有するもの、ならび

に、決算期後1年以内に償還期限の到来する社債（市場価格のある社債で時価の変動により利益を得る目的で保有するものを除く。）を記載します。

ただし、当初の償還期限が1年を超える社債は、投資有価証券に記載することができます。

＊金融商品会計基準では、有価証券を保有目的の観点から、①売買目的有価証券、②満期保有目的の債券、③子会社株式および関連会社株式、④その他有価証券に区分し、①および②のうち、1年以内に満期を迎える債券を流動資産に記載し、その他は固定資産に記載します。

期末評価について、有価証券のうち時価のあるものは時価をもって評価し、時価のないものは取得原価をもって評価し、貸借対照表価額とします。満期保有目的の債券は取得原価をもって評価し、取得原価と債券金額とに差額がある場合、＊償却原価法に基づいて算定された価額をもって貸借対照表価額とします。

＊金融商品会計基準

時価会計ともいわれる金融商品会計基準は、従来の取得原価主義を改め、国際的な動向に近づけるため、平成13年3月期から導入されました。

この会計基準は金融資産の範囲とその貸借対照表価額、貸倒見積高の算定、ヘッジ会計により構成されています。

金融商品とは、金融資産、金融負債およびデリバティブ取引をいいます。これらのうち、
・ 売買目的有価証券、その他有価証券およびデリバティブ取引については、時価により評価すること
・ その他有価証券の評価差額は、当期の損益としないで、純資産の部に税効果処理後の合計額を計上する方法によること
・ 債権に対する貸倒見積の算定において、債務者の財政状態および経営成績等に応じた債券の区分により、異なる方法を指示したこと
・ 一定の要件を満たしたヘッジ取引に対してヘッジ会計を適用すべきこと
以上が、重要なポイントです。

＊償却原価法

債権または債券を債権金額または債券金額より低い価額または高い価額で取得した場合において、その差額に相当する金額を弁済期または償還期に至るまで毎期一定の方法で貸借対照表価額に加減する方法を償却原価法といいます。この場合、その加減額を受取利息に含めて処理します。

親会社株式

＊親会社の発行済株式を所有している場合に記載します。

　旧商法では、親会社の株式の取得を原則として禁止していました。会社法も同様で、例外的に、親会社株式を取得した場合には、相当の時期にその有する親会社株式を処分しなければなりません（会社法第135条）。親会社株式を保有した場合には、貸借対照表の注記として親会社株式の各表示区分別の金額を記載します（会社計算規則第134条第9項）。

　また、省令様式では、親会社の株式の金額が資産の総額の100分の1を超えるときは、「親会社株式」の科目をもって記載することになります（省令様式第15号記載要領7）。

未成工事支出金

　引渡しを完了していない工事に要した工事費ならびに材料購入、外注のための前渡金、手付金等を記載します。ただし、長期の未成工事に要した工事費で工事進行基準によって完成工事原価に含めたものは除きます。

　未成工事支出金は、負債の部の未成工事受入金と対応するもので、ともに建設業独自の勘定科目です。

　建設業においては、原則として請負契約ごとに工事原価を集計する個別原価計算によっています。したがって、個々の請負契約工事を原価計算単位として、それぞれ「〇〇ビル新築工事」などの工事別勘定を設け、この工事別に発生する材料費、労務費、外注費および経費を集計して工事原価計算が行われます。この工事が完成するまでの過程で発生または支出した工事別勘定の累計額が未成工事支出金です。

＊親会社
　旧商法による親会社とは、「他の会社の発行済株式の総数の過半数にあたる株式を保有する会社」としていました。会社法では、「株式会社を子会社とする会社その他の経営を支配している法人として法務省令で定めるものをいう。」とされ、従来の議決権基準の50％超から、40％以上の実質支配基準に変更されました。親会社には法人格を有しない組合等も含まれます。

未成工事支出金は、工事が完成したものは完成工事原価に振替えることになりますが、補助部門費の再配賦計算など期末を待たなければ工事原価が確定しないものがあるため、一般的に期末に振替えが行われます。

　建設工事は、施工場所が一定せず散在しているので、材料や仮設材等は通常各工事ごとに引当購入して直接工事現場に搬入し、その購入費は材料貯蔵品勘定等を経由せず工事別勘定に計上します。また、材料の納入または労務の提供以前に支払う前渡金的性格の支出金も工事別勘定に計上します。したがって、工事が完成した時点で未費消の材料や仮設材の残存部分に対応する原価を、当該工事別勘定から控除し、借方材料貯蔵品勘定現場未収材料に振替えて適正な完成工事原価を算定します。

材料貯蔵品

　手持ちの工事用原材料、仮設材料および機械部品などの消耗工具器具備品ならびに事務用消耗品などのうち未成工事支出金、完成工事原価または販売費及び一般管理費として処理されなかったものを記載します。

　建設業においては、材料のほとんどは各工事ごとに引当購入し、購入時に材料貯蔵品勘定を通過することなく、直接未成工事支出金の工事別勘定の材料費に計上されます。したがって、材料貯蔵品の科目の重要性がなくその金額が資産の総額の1/100以下のときは、流動資産の「その他」に含めて記載することができます（様式第15号記載要領10）。

　仮設材料は、償却資産として固定資産に計上されない仮設材（消耗部品を含む。）をいいます。消耗品、消耗工具器具備品その他の貯蔵品等のうち、重要性の乏しいものについては、その買入時に費用として処理することができます（企業会計原則注解1）。また、税法は各事業年度ごとに一定数量を取得し、かつ経常的に使用するものについては、継続適用を条件として取得した日の属する事業年度の損金（工事原価の性質を有するものは、工事原価に算入）とすることを認めています（法人税基本通達2—2—15）。

短期貸付金

　役員、従業員、得意先、協力会社、子会社等に対する貸付金で、返済期日が決算期後1年以内に到来するまたは到来すると認められるものを記載します。返済期日が1年を超えるものは長期貸付金となります。

　貸借対照表の作成にあたっては、＊関係会社、取締役、執行役および監査役に対する貸付金については、他の短期金銭債権と合わせた総額をそれぞれ注記するため、細目別に管理する必要があります（様式第17号の2注3(3)(4)）。

　なお、短期貸付金の金額が資産の総額の1/100以下のときは流動資産の「その他」に含めて記載することができます（様式第15号記載要領10）。

前払費用

　前払費用は、一定の契約に従い、継続して役務の提供を受ける場合、いまだ提供されていない役務に対して支払われた対価をいいます（企業会計原則注解5）。

　火災保険料、支払利息や地代、家賃など時期以降の分まで支払った場合、次期以降に負担すべき分を前払費用に記載します。決算期後1年を超えるものは、投資その他の資産の部の長期前払費用となります（会社計算規則第106条3─ヲ、企業会計原則注解16）。

＊関係会社
　関係会社とは、①親会社、②子会社、③関連会社、④その他の関係会社（財務諸表作成会社が他の会社の関連会社である場合におけるその他の会社等）の総称です。
　会社法では、①親会社とは、議決権の所有権割合が50％超のほか、40％以上所有で、他の会社等の経営を支配している場合の会社等をいい、②子会社とは、当該他の会社等をいいます。
　ここで、「会社等」とは、会社、組合その他これらに準ずる事業体をいいます。
　③関連会社とは、会社が他の会社等の財務および事業の方針の決定に対して重要な影響を与えることができる場合における当該他の会社等（子会社を除く。）をいいます。
　会社（子会社を含む。）が他の会社の議決権の20％以上50％以下を実質的に所有している場合のほか、議決権の15％以上20％未満の所有でも重要な影響を与えうるような場合も関連会社として取り扱います。

なお、貸借対照表の作成にあたって、前払費用の金額が資産の総額の1/100以下である場合には、流動資産の「その他」に含めて記載することができます（様式第15号記載要領10）。
　税法は短期の前払費用については、継続適用を条件に支払った日の属する事業年度の損金として処理することも認めています（法人税基本通達2―2―14）。

繰延税金資産

　繰延税金資産は、税効果会計の適用により資産として計上される金額のうち、流動資産に属する資産または流動負債に属する負債に関連するものおよび特定の資産または負債に関連しないもので決算期後1年以内に取り崩されると認められるものを記載します。
　貸倒引当金や減価償却費の損金算入限度超過額など法人税等の支払いが税法上前払いされるときは翌期以降税金を減らす効果があるため、対応する税金を繰延税金資産に計上するとともに法人税等の額を減額します。
　繰延税金資産は、税効果会計を適用しない場合には記載の要がありません（別記様式第15号記載要領12）。
　なお、繰延税金資産に記載すべき金額と繰延税金負債に記載すべき金額とがあるときは、その差額を繰延税金資産または繰延税金負債として記載しなければなりません（同記載要領13）。

税効果会計

　税効果会計とは、貸借対照表に計上されている資産および負債の金額と課税所得の計算の結果算定された資産および負債の金額との間に差異がある場合において、当該差異に係る法人税等（法人税、住民税および利益に関連する金額を課税標準として課される事業税をいう。以下同じ。）の金額を適切に期間配分することにより、法人税等を控除する前の当期純利益の金額と法人税等の金額を合理的に対応させるための会計処理をいいます。
　税効果会計を適用しますと、繰延税金資産および繰延税金負債が貸借対照表に計上されるとともに、当期の法人税等として納付すべき額および税

効果会計の適用による法人税等の調整額が損益計算書に計上されることになります。

〔設例〕

不良債権1,000に対して900の貸倒引当金（うち400は有税引当）を計上した。税引前当期純利益は1,000、法人税等の法定実効税率50％とする。

(1) 税効果会計を適用しない場合

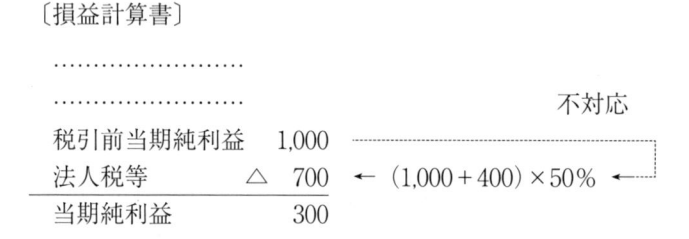

〔損益計算書〕

　　　　………………………
　　　　………………………　　　　　　　　　　　　　　　不対応
　　　税引前当期純利益　1,000
　　　法人税等　　　△　700　←　(1,000＋400)×50％
　　　当期純利益　　　　300

(2) 税効果会計を適用する場合

法人税等700のうち200（有税引当400に法定実効税率50％を乗じた額）は、将来の法人税等の計算上減額されることになるため、繰延税金資産を計上するとともに当期の法人税等の額を減額する。

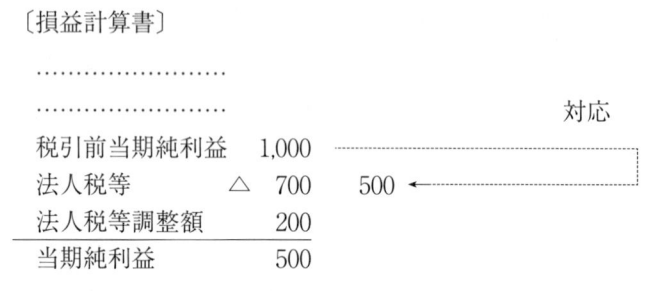

〔損益計算書〕

　　　　………………………
　　　　………………………　　　　　　　　　　　　　　　対応
　　　税引前当期純利益　1,000
　　　法人税等　　　△　700　　500
　　　法人税等調整額　　200
　　　当期純利益　　　　500

　その他　

貸借対照表の作成にあたって「その他」に属する資産でその金額が資産の総額の1/100を超えるものは、当該資産を明示する科目をもって記載します（記載要領8）。

前渡金

材料貯蔵品の購入の手付金を記載します。

一般に前渡金は、商品や用役の提供をうける前にその代金の一部を支払った時に生ずる債権を示す勘定です。建設業においては、工事材料や協力会社などへの工事代金の前渡金は未成工事支出金の工事別勘定に処理します。したがって、この材料貯蔵品の購入にかかる前渡金は、少額であり会計上は重要性がほとんどありません。土地、建物、機械装置などの購入の際に支払う前渡金は、建設仮勘定になります。

未収収益

未収収益は、一定の契約に従い、継続して役務の提供を行う場合、すでに提供した役務に対していまだその対価の支払を受けていないものをいいます（企業会計原則注解５）。

利息や家賃などその代金が入金されなくても、発生した期に計上するもので、未収利息、未収地代家賃などを記載します。

営業外受取手形

材料貯蔵品、固定資産等の売却に基づいて発生した手形債権を記載します。営業外受取手形は、ワン・イヤー・ルールが適用され、支払期日が決算期後１年を超えるものは、投資その他の資産の長期営業外受取手形として記載します。

未収入金

労災保険料還付未収入金などの営業取引に基づいて発生した未収入金で完成工事未収入金以外のものを記載します。

営業外未収入金

材料貯蔵品、固定資産および有価証券の売却など、営業取引以外の取引に基づいて発生した未収入金で支払期日が決算期後１年以内に到来するまたは到来すると認められるものを記載します。また控除対象仮払消費税から仮受消費税を控除した金額で、還付を受ける消費税等の未収入金もここに記載します。

短期保証金

　入札保証金、契約保証金などの工事関係保証金、機械賃貸借保証金および借地借家保証金などを記載します。

　ただし、工事関係保証金以外の保証金で履行期が決算期後1年超のものは、投資その他の資産の部に記載します。

立替金

　株主、役員および従業員に対する立替金、得意先に対する立替金および協力会社に対する立替金などを記載します。

仮払金

　工事請負契約を締結する以前に、当該工事を入手するために支出した費用および精算未了の工事費、販売費及び一般管理費など、その勘定科目または金額が確定せず、内容を示す科目によって記載できないものを記載します。

　仮払金は金銭の支出を行ったが、勘定科目または金額が確定しない場合に使用する勘定です。したがって勘定科目または金額が確定すれば、その勘定に振替えます。貸借対照表での仮払金勘定の表示は好ましくありません。

仮払消費税

　消費税等の会計処理で、税抜方式を採用した場合の課税仕入にかかる消費税等を記載します。

　仮払消費税は、期末に仮受消費税（課税売上げに係る消費税等）と相殺してその差額を未払消費税または未収消費税に振替えて消滅します。

|貸倒引当金|

　受取手形、完成工事未収入金、短期貸付金またはこれらに準ずる債権（未収収益、営業外受取手形、未収入金、営業外未収入金等）に対する貸倒見込額をこれらの資産科目に対する一括控除科目として記載します。

　受取手形、完成工事未収入金等の債権は取立不能となる可能性があることから、その取立てのできない見込額を債権額から控除する科目として貸

倒引当金を計上します。会社法では取立不能見込額とされています（会社計算規則第109条）。
(1) **貸倒引当金**は次のように扱います。
　① 金銭債権について、取立不能のおそれがある場合には、取立不能見込額を貸倒引当金として計上しなければなりません。
　　ここでいう「取立不能のおそれがある場合」とは、債権者の財政状態、取立のための費用および手続の困難さ等を総合し、社会通念に従って判断したときに回収不能のおそれがある場合をいいます。
　② 取立不能見込額については、債権の区分に応じて算定します。財政状態に重大な問題が生じている債務者に対する金銭債権については、個別の債権ごとに評価します。
　③ 財政状態に重大な問題が生じていない債務者に対する金銭債権に対する取立不能見込額は、それらの債権を一括してまたは債権の種類ごとに、過去の貸倒実績率等合理的な基準により算定します。
　④ 法人税法における貸倒引当金の繰入限度額相当額が取立不能見込額を明らかに下回っている場合を除き、その繰入限度額相当額を貸倒引当金に計上することができます。
(2) **取立不能見込額**は、債務者の財政状態および経営成績に応じて次のように区分し、算定します。
　① 一般債権とは、経営状態に重大な問題が生じていない債務者に対する債権をいいます。
　　その算定方法は、債権全体または同種・同類の債権ごとに、債権の状況に応じて求めた過去の貸倒実績率等の合理的な基準により算定します（貸倒実績率）。
　② 貸倒懸念債権とは、経営破綻の状態に至っていないが、債務の弁済に重大な問題が生じているかまたは生じる可能性の高い債務者に対する債権をいいます。
　　その算定方法は、原則として、債権金額から担保の処分見込額および保証による回収見込額を減額し、その残額について債務者の財政状

態および経営成績を考慮して算定します。
③　破産更生債権等とは、経営破綻または実質的に経営破綻に陥っている債務者に対する債権をいいます。

その算定方法は、債権金額から担保の処分見込額および保証による回収見込額を減額し、その残額を取立不能額とします。

(3) 次に掲げる**法人税法の区分**に基づいて算定される貸倒引当金繰入限度額が明らかに取立不能見込額に満たない場合を除き、繰入限度額相当額をもって貸倒引当金とすることができます。

①　一括評価金銭債権とは、個別評価金銭債権以外の金銭債権をいいます。

その繰入限度額は、債権金額に過去３年間の貸倒実績率または法人税法に規定する法定繰入額を乗じた金額となります。

②　個別評価金銭債権のうち、更生計画の認可決定に５年を超えて賦払いにより弁済される等の法律による長期たな上げ債権の繰入限度額は次のとおりです。

債権金額のうち５年を超えて弁済される部分の金額（担保権の実行その他により取立て等の見込みがあると認められる部分の金額を除く。）となります。

③　個別評価金銭債権のうち、債務超過が１年以継続し事業好転の見通しのない場合等の回収不能債権の繰入限度額は次のとおりです。

債権金額（担保権の実行その他により取立て等の見込みがあると認められる部分の金額を除く。）となります。

④　個別評価金銭債権のうち、破産申立て、更生手続等の開始申立てや手形取引停止処分があった場合等における金銭債権の繰入限度額は次のとおりです。

債権金額（実質的に債権と見られない部分の金額および担保権の実行、金融機関等による保証債務の履行その他により取立て等の見込みがあると認められる部分の金額を除く。）の50％相当額となります。

(4) 中小企業の貸倒引当金の特例

貸倒引当金の法定繰入率は、法人税上、廃止されていますが、資本金1億円以下の法人については、租税特別措置（租税特別措置法第57条の9）として、法定繰入率（建設業　6/1,000）と貸倒実績率との選択適用が認められています。

　貸倒引当金は、翌期に全額益金に算入（洗替え）します。ただし、戻入額と繰入額との差額を損金経理により処理している場合も、確定申告書に添付する明細書によって相殺前の金額に基づく繰入れ等であることが明らかであれば相殺前の金額の繰入れまたは取崩しがあったものとして取り扱われます。

(5)　貸倒引当金の記載方法

　国土交通省令様式では、流動資産、固定資産それぞれ一括して控除項目として記載しますが、株主総会提出用など会社法上の貸借対照表においては、会社計算規則第146条により次のいずれかの方法によることができます（会社計算規則第109条）。

①　科目ごとに控除形式で記載する方法
②　各科目を一括して控除する方法
③　控除した残額を記載し、注記する方法

　貸倒引当金の費用の計上は、その対象債権が完成工事未収入金など営業取引に基づく債権である場合は、販売費及び一般管理費の貸倒引当金繰入額とし、貸付金など営業取引以外の取引に基づく債権である場合は、営業外費用の貸倒引当金繰入額として記載します。

3　固定資産

　固定資産とは、企業が経営活動のために、長期間にわたって使用する目的で所有する資産をいい、有形固定資産、無形固定資産および投資その他の資産の3つに分類されます。

```
固定資産 ─┬─ 有形固定資産
          ├─ 無形固定資産
          └─ 投資その他の資産
```

(1) 有形固定資産

　有形固定資産とは、建物、構築物、機械装置、車両運搬具、工具器具、備品、土地など有形の具体的な存在形態をもったもので、耐用年数1年以上で取得価額が10万円以上のものをいいます。

　なお、土地や建設仮勘定を除く減価償却資産は、減価償却により当該資産の取得価額を原価配分します。

一括償却資産

　法人が、減価償却資産で取得価額が20万円未満であるものを事業の用に供した場合において、一括償却資産（その資産の全部または一部を一括したものをいう。）の取得価額の合計額をその事業年度以後の各事業年度の費用または損失の額とする方法を選択したときは、その一括償却資産につきその事業年度以後の各事業年度の所得の計算上、損金の額に算入する金額は、その内国法人がその一括償却資産の全部または一部につき損金経理をした金額のうち、次の損金算入限度額に達するまでの金額となります。

$$損金算入限度額 = 取得価額相当額 \times \frac{その事業年度の月数}{36}$$

　この規定は、確定申告書に一括償却対象額の記載があり、かつその計算に関する書類を保存している場合に限り、適用されます。

有形固定資産科目

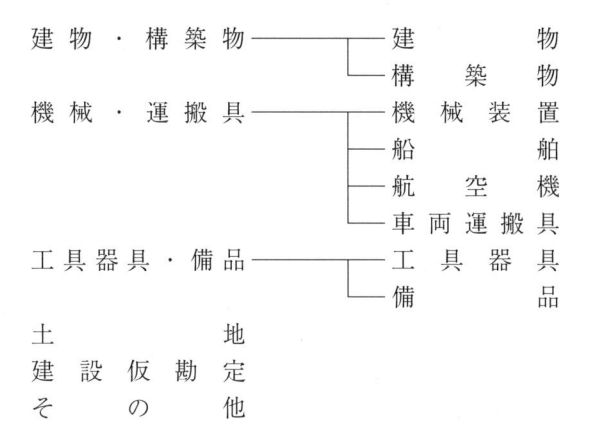

```
建物・構築物 ─┬─ 建        物
              └─ 構  築  物
機械・運搬具 ─┬─ 機 械 装 置
              ├─ 船        舶
              ├─ 航  空  機
              └─ 車 両 運 搬 具
工具器具・備品 ─┬─ 工  具  器  具
                └─ 備        品
土        地
建 設 仮 勘 定
そ  の  他
```

① 取得原価

有形固定資産の取得原価は、購入、自家建設など取得形態によって異なり、次の区分に応じたそれぞれの金額に、当該資産を事業の用に供するために直接要した費用を加算した金額です（法人税法施行令第54条第1項）。

a　購入による取得

有形固定資産を購入したときは、購入代金に購入するために要した付随費用――購入手数料、運送料、関税、荷役費、据付費等――を加算したものを取得原価とします。

税務上、登録免許税（登録費用を含む。）、不動産取得税、借入金の利子等は取得原価に含めないで期間費用処理することができます。

購入にあたって値引きまたは割戻しを受けたときは、その額を購入代金から控除します。

b　自家建設・製造による取得

有形固定資産を自社で建設または製造したときは、工事費（設計料を含む。）とこれに付帯する費用を取得原価とします。適正な原価計算にしたがって計算された正常な実際原価の額を取得原価とし、建設中に発生した異常な原価、たとえば、火災、盗難による建設資材の滅失などは、その取得原価に含めません。

税務上、建設計画変更により不要となった調査設計費、建物の落成等にともなって事後的に支出する記念費用等の付随費用は、取得原価に含めないで期間費用処理することができます。

取得原価が確定するまで期間を要する場合、当該資産の購入または自家建設にかかる支出を「建設仮勘定」で処理します。

② 資本的支出と修繕費

有形固定資産は、購入後も大規模な改良や修繕を行うことがあります。当該固定資産の能率を増進させたり、耐用年数を延長させるために要する費用は改良費と呼ばれ、資本的支出として当該有形固定資産の取得原価に加算します。

これに対して、故障あるいは破損したものを元の状態に回復したり、原能力を維持するために要する費用は修繕費として費用処理します。

資本的支出と修繕費を明確に区分することは、正確な期間損益計算を行ううえで極めて重要ですが、実務上困難な場合が多いので、税法では一定の基準を定めています。

　a　資本的支出の実質判定

資本的支出とは、次のいずれかに該当する金額、いずれにも該当する場合には、多いほうの金額をいいます。

(a)　使用可能期間を延長させる部分

$$資本的支出 = 支出金額 \times \frac{(A) - 通常の管理・修理をした場合の支出前の使用可能期間}{支出後使用可能期間(A)}$$

(b)　資産の価額を増加させる部分

　　資本的支出 ＝ 支出後の価額 － 通常の管理・修理をした場合の価額

　b　資本的支出の例示

(a)　建物の避難階段の取付等物理的に付加された部分にかかる金額
(b)　用途変更のために直接要した金額
(c)　取替え部分の品質改良に要した金額

c　修繕費の例示

　通常の維持管理のため、または災害等により毀損した固定資産について、その原状を回復するために要したと認められる部分の金額が修繕費となりますが、次のものが該当します。
　(a)　建物の移えいまたは移築費用
　(b)　機械装置の移設費用
　(c)　地盤沈下した土地の復旧費用
　(d)　地盤沈下による建物等の地上げ、移設費用
　(e)　砂利道の補充費用等

　　d　通達による形式的区分基準

　区分が明らかでない場合には、一種の形式基準によって判定することを認め、さらに企業の継続適用を条件に、いわゆる簡便法も認めています。これらを図で示すと、次頁の「図表　資本的支出と修繕費の区分等の基準」のとおりとなります。

　③　固定資産の減価償却

　建物、機械装置など土地以外の固定資産は、事業の用に供するにともない次第にその価値を減少するので、それらの取得原価を事業の用に供した期間（耐用年数）に配分しなければなりません。この取得原価の期間配分の手続を減価償却といいます。

　無形固定資産は、法定の有効期間その他予定された期間に費用配分するもので、単に償却と呼ばれることもあります。

　減価償却の目的は、会計期間に適正な費用配分を行うことによって、毎期の損益計算を正確ならしめることであり、一定の減価償却の方法に従って、計画的、規則的に実施されなければなりません。

　減価償却の方法には、期間を配分基準とする定額法、定率法、級数法などと、生産高を配分基準とする生産高比例法があります。企業会計原則では、以上の減価償却の方法を掲げるとともに、例外として取替法の採用もできることとしています。

　建設業の場合、税法規定に基づいて、有形固定資産については定率法、

図表　資本的支出と修繕費の区分等の基準

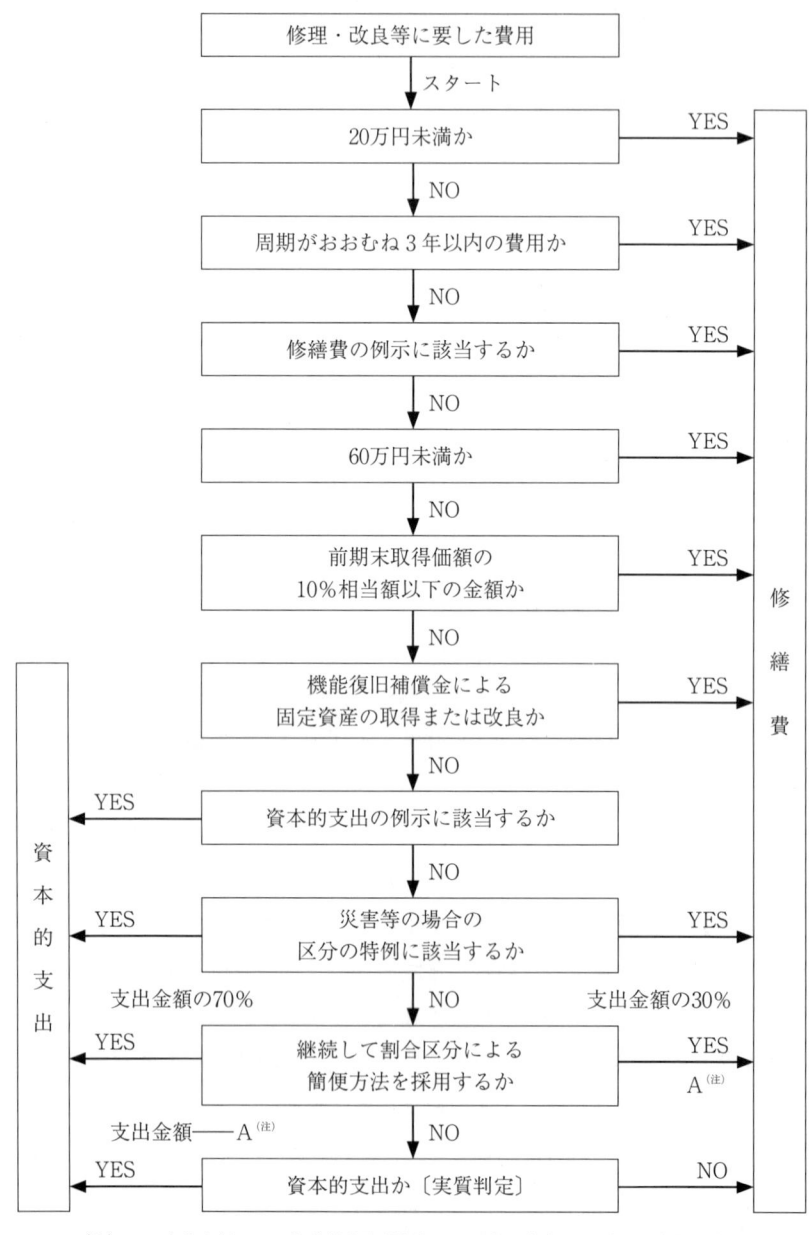

```
        ┌─────────────────────────┐
        │  修理・改良等に要した費用  │
        └───────────┬─────────────┘
                スタート
                    ↓
        ┌─────────────────────────┐   YES
        │     20万円未満か        │──────→ 修繕費
        └───────────┬─────────────┘
                   NO
                    ↓
        ┌─────────────────────────┐   YES
        │  周期がおおむね3年以内の費用か │──────→ 修繕費
        └───────────┬─────────────┘
                   NO
                    ↓
        ┌─────────────────────────┐   YES
        │   修繕費の例示に該当するか   │──────→ 修繕費
        └───────────┬─────────────┘
                   NO
                    ↓
        ┌─────────────────────────┐   YES
        │       60万円未満か       │──────→ 修繕費
        └───────────┬─────────────┘
                   NO
                    ↓
        ┌─────────────────────────┐   YES
        │    前期末取得価額の       │──────→ 修繕費
        │   10%相当額以下の金額か    │
        └───────────┬─────────────┘
                   NO
                    ↓
        ┌─────────────────────────┐   YES
        │    機能復旧補償金による    │──────→ 修繕費
        │   固定資産の取得または改良か │
        └───────────┬─────────────┘
                   NO
                    ↓
    YES ┌─────────────────────────┐
  ←────│  資本的支出の例示に該当するか │
資本的  └───────────┬─────────────┘
支出               NO
                    ↓
    YES ┌─────────────────────────┐   YES
  ←────│     災害等の場合の       │──────→ 修繕費
        │   区分の特例に該当するか   │
        └───────────┬─────────────┘
        支出金額の70%  NO  支出金額の30%
    YES ┌─────────────────────────┐   YES
  ←────│  継続して割合区分による    │──────→ A(注)
        │   簡便方法を採用するか    │       修繕費
        └───────────┬─────────────┘
     支出金額──A(注)   NO
                    ↓
    YES ┌─────────────────────────┐   NO
  ←────│ 資本的支出か〔実質判定〕   │──────→ 修繕費
        └─────────────────────────┘
```

（注）　A＝支出金額の30％と前期末取得価額の10％とのうち、いずれか少ない金額

無形固定資産については定額法によって減価償却の計算を行っているのが一般的です。

定額法とは、減価償却資産の取得価額からその残存価額を控除した金額に、その償却費の額が毎年同一となるように、その資産の耐用年数に応じた償却率を乗じて計算した金額を、各事業年度の償却限度額として償却する方法であり、毎年均等額が費用として配分されるので、均等償却法とも呼ばれています。

定率法とは、減価償却資産の取得価額（第2回目以後の償却の場合には、取得価額からすでに必要経費または損金の額に算入された金額を控除した金額、つまり未償却残高）にその償却費が毎年（期）一定の割合で逓減するように、その資産の耐用年数に応じた償却率を乗じて計算した金額を各事業年度の償却限度額とする方法であり、未償却残高法とも呼ばれています。

平成19年度の税制改正

減価償却制度において次の改正が行われました。

① 平成19年4月1日以後に取得をされた減価償却資産については、償却可能限度額（取得価額の95％相当額）および残存価額を廃止し、耐用年数経過時点に1円（備忘価額）まで償却できることとされました。

② 平成19年4月1日以後に取得をされた減価償却資産について、定率法を採用する場合の償却率は、定額法の償却率（1／耐用年数）を2.5倍した数とし、特定事業年度（定率法の償却率により計算した償却限度額が初めて償却保証額に満たなくなった事業年度をいう。）以後の各事業年度においては、毎期均等償却となる改定償却率により償却限度額を計算します。

　（注）償却保証額＝減価償却資産の取得価額×保証率（耐用年数省令別表10）

③ 平成19年3月31日以前に取得をした減価償却資産については、償却可能限度額まで償却した事業年度の翌事業年度以後5年間で1円まで均等償却できることになりました。

④ 減価償却資産について支出する資本的支出は、その支出の対象と

なった減価償却資産を新たに取得したものとすることとされました。

　a　個別償却と総合償却

　個別償却とは、個々の資産単位について個別的に減価償却計算および記帳を行う方法であり、**総合償却**とは、2つ以上の資産について平均耐用年数を用いて一括的に減価償却計算および記帳を行う方法です。

　b　正規の償却、臨時償却、相当の償却および特別償却

　(a)　正規の償却

　正規の償却は、費用配分の原則に従って、毎期計画的、規則的に減価償却を実施するもので、期間損益計算を正確に行うことを目的とするものです。この減価償却費は期間費用と工事原価で処理します。

　(b)　臨時償却

　臨時償却は、耐用年数決定にあたって予見しえなかった新技術の発明などの外部事情によって、固定資産が機能的に著しく減価した場合、これに応じて臨時に減価償却を行うもので、この場合、規則性がないので、原価性を有しないばかりでなく、過去の償却不足に対する修正の性質をも有するので、特別損失項目として取り扱われます。過年度の償却不足を修正する場合もこれに含めて処理します。

　(c)　相当の償却

　相当の償却は、会社法上の用語であり前述の正規の減価償却と同様、継続的、規則的な償却を指すものです。したがってこの処理法も正規の減価償却と同じです。

　(d)　特別償却

　特別償却は、法人税法上の用語で国の経済政策上の目的や、法人の個別事情などを考慮して、租税特別措置法に規定された特別の償却です。耐用年数の短縮や割増償却を認めたものです。たとえば、合理化機械等の特別償却、新築貸家住宅の割増償却などがあります。割増償却については、とくに不合理でない限り、実務上、一般に「相当の償却」の範囲に含めています。

　税法では、特別償却の一部償却の処理について、企業会計上の処理とし

て積立金方式のみが認められています。積立金方式は、旧商法下では、利益処分方式によって行われてきましたが、会社法では、利益処分がなくなったため、法人税等の税額計算を含む決算手続として会計処理し、期末において税法上の積立金の積立ておよび取崩しをその他利益剰余金に特別償却準備金として計上します。また、株主資本等変動計算書にも積立額と取崩額を記載または注記により開示し、株主総会または取締役会でその財務諸表の承認を受けることになります。

(e) 中小企業者等の特例（租税特別措置法、以下措法という。）第67条の8、第28条の2）

青色申告書を提出する一定の中小企業者等（226頁参照）が平成18年4月1日から平成20年3月31日までの間に取得価額が30万円未満の減価償却資産を取得した場合には取得価額の全額の損金算入が認められます（所定の申告要件あり）。1年間300万円が限度となります。

[建物・構築物]

建物

社屋、倉庫、車庫、工場、社宅その他厚生施設として所有する経営付属建物およびその付属設備を記載します。

工事の完了後取壊しまたは処分する軽量鉄骨造などの移動性仮設建物は、税務上、その移設にともない反復して組立てて使用するものの取得のために要した費用の額によることができる（法人税基本通達2―2―8）とされています。したがって、骨組だけで建物とするのは適当でないことから工具器具勘定で処理し、内装工事費は工事原価で処理します。ただし、工事完了後引き続き倉庫、住宅などの恒久的用途に使用する場合は、以後は建物として記載します。

冷暖房、照明、換気、昇降などの付属設備は、別に建物設備を設けて処理する方法もありますが、付属設備を建物に含める場合は、付属設備は法定耐用年数が別に定められているので細目勘定によって建物と区分します。

構築物

舗装道路、へい、側溝、下水道など土地に定着する土木設備または工作物を記載します。工事現場で工事完了後取り壊す舗装道路などの仮設構築物は、未成工事支出金に記載します。

機械・運搬具

機械装置

ブルドーザー、クレーン、パワーショベルなどの建設機械その他の各種機械および装置を記載します。工事用機械装置と、機械工場、倉庫内において保管、修繕、工作に使用する工場用機械装置とは区分します。

船舶

しゅんせつ船、起重機船、砂利採取船などの船舶およびその他の水上運搬具を記載します。

航空機

飛行機、ヘリコプターその他の航空機を記載します。

車両運搬具

乗用車、ダンプカー、トラッククレーン、フォークリフト、トロッコなどの軌条車両、自動車その他の陸上運搬具を記載します。

工具器具・備品

工具器具

測定工具、検査工具、仮設工具、雑工具、移動性仮設建物用部材などを記載します。

工具器具の主たるものは工事用工具器具で、仮設材料のうち固定資産に計上されるものを処理します。山留用のレールは、仮設材としてこの科目で処理しますが、工事用の軌条は、通常、機械装置のその他の建設工業設備勘定で処理しています。

備品

直接工事の作業に関係しない机、ロッカー、テレビ、冷蔵庫、ワープロ、

電算機などの各種の備品を記載します。

事務所で使用される事務用備品と、社宅、宿舎用の福利厚生用備品とは区分します。

土 地

本店、支店、出張所、倉庫、工場、社宅、運動場などの自家用の土地を記載します。土地の取得価額には、購入代金のほか、測量費、整地費など事業の用に供するために必要な費用を含めます。

建設仮勘定

自社で使用する有形固定資産の購入のための前渡金、手付金、あるいはその建設、製造のための材料費、労務費、経費など、完成した時点で建物や機械装置などの当該勘定に振替える仮勘定です。

なお、振替後手直し工事などが行われることがありますが、その場合はこの勘定ではなく直接当該勘定に記載します。

その他

上記以外の有形固定資産があるときは、当該項目を示す名称を付して記載します。

貸借対照表の作成にあたって、「その他」に属する資産でその金額が資産の総額の1/100を超えるものは、当該資産を明示する科目をもって記載します（様式第15号記載要領8）。

減価償却累計額

減価償却累計額は、減価償却によって費用処理した額を集計する科目です。建物等の取得価額より減価償却累計額を控除した金額がまだ費用処理されていない帳簿価額です。

建物・構築物、機械・運搬具、工具器具・備品、その他有形固定資産に対する減価償却累計額をそれぞれの科目の控除項目として記載します。

国土交通省令様式では、各科目の控除項目として記載することとされていますが、株主総会提出用の会社法上の貸借対照表においては、会社計算規則第146条第1項第3号により次のいずれかの方法によることが認められています。
 (a) 科目ごとに控除形式で記載する方法
 (b) 各科目を一括して控除する方法
 (c) 控除した残額を記載し、注記する方法
　一般的に株主総会提出用の会社法上の貸借対照表は、(c)の注記する方法によっています。

(2) **無形固定資産**

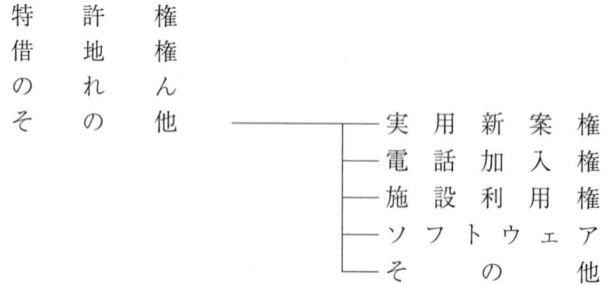

　無形固定資産は、有形固定資産のように具体的な存在形態をもたないが、企業に対し、長期間にわたって超過利益獲得の可能性を与える法律上または事実上の権利をいいます。

　特許権、借地権、実用新案権、ソフトウェア、のれんなどがあります。この種の資産は有償取得の場合に限って資産性を認め、自然発生のものは会計の対象としません。

　無形固定資産も有形固定資産と同じく、企業に便益を提供するものですから、その取得価額の全額を期間配分します。償却額は各資産科目から直接控除し、その残額（未償却残高）を表示します。

無形固定資産科目

```
特　許　権
借　地　権
の　れ　ん
そ　の　他 ─┬─ 実 用 新 案 権
            ├─ 電 話 加 入 権
            ├─ 施 設 利 用 権
            ├─ ソ フ ト ウ ェ ア
            └─ そ　　の　　他
```

|特許権|

　特許権の取得に要した金額を記載します。

自己が行った研究開発の結果取得したものについては、その取得のときに当該研究開発の費用として繰延処理してきたものに出願登録に要した手数料、登録税等の費用を記載します。また他から特許権を買収した場合はその金額を記載します。ただし、税法は自己の行った研究開発に基づく工業所有権の出願料、特許料その他登録のための費用は取得原価に算入しないことができるとされています（法人税基本通達7—3—14）。

　特許法による特許権の存続期間は15年ですが、税法の耐用年数が8年であることから実務では8年で償却しています。

　特許権の金額が資産の総額の1/100以下である場合には、無形資産の「その他」に含めて記載することができます（様式第15号記載要領10）。

借地権

　他人の所有する土地を借りて利用するための地上権および賃借権などの取得に要した金額を記載します。

　借地権付の建物を購入した場合、借地権の価額は建物の価額と合算されていることが多く、借地権は償却することができませんので、区分して処理する必要があります。

　借地権の金額が資産の総額の1/100以下である場合には、「その他無形固定資産」に含めて記載することができます（様式第15号記載要領10）。

のれん

　合併、事業譲渡等により取得した事業の取得原価が、取得した資産および引受けた負債に配分された純額を上回る場合の超過額をいいます。会社計算規則第2節のれん第11条から第29条までに規定されています。

　税法では、平成10年度改正により、平成10年4月1日以後取得のものは、定額法、耐用年数5年に改められました。

その他

　貸借対照表の作成にあたって、「その他」に属する資産でその金額が資

産の総額の1/100を超えるものは、当該資産を明示する科目をもって記載します（様式第15号記載要領8）。

実用新案権

実用新案権の取得に要した金額を記載します。

実用新案権は、特許権と並んで工業所有権の一種で権利の存続期間は10年ですが、税法の耐用年数が5年であることから、実務では5年で償却しています。

電話加入権

電気通信事業法に規定する第1種電気通信事業者との加入電話契約に基づいて支出する工事負担金のほか、その事業者から借り受けて使用する屋内配線工事に要した費用など電話を設置するために支出する費用、また他から購入した場合におけるその対価および仲介手数料を記載します。

税法上、償却することができませんが、回線の増設等によって時価が下がることもあります。この場合は時価を限度として評価減が認められます。

施設利用権

電気通信施設利用権のほか、施設の利用を目的として支出する施設負担金を記載します。

施設利用権には、電気通信施設利用権（税法上20年償却）、電気ガス供給施設利用権（同15年償却）、水道施設利用権（同15年償却）、専用側線利用権（同30年償却）、鉄道軌道連絡通行施設利用権（同30年償却）などがあります。

その他

上記以外でソフトウェア（コンピューターを機能させるように指令を組み合わせて表現したプログラム等をいう。）などの無形固定資産があるときは、当該項目を示す名称を付して記載します。

(3) 投資その他の資産

投資その他の資産は、投資資産とその他の長期資産に区分できます。投資資産は、他の企業を支配するなどの目的で保有する資産、利殖を目的として長期に保有する資産で、それによって長期にわたり何らかの収益また

は成果を期待して取得したものおよび通常の営業取引以外の資産で、現金化するのに決算期後1年を超える資産です。

投資その他の資産科目

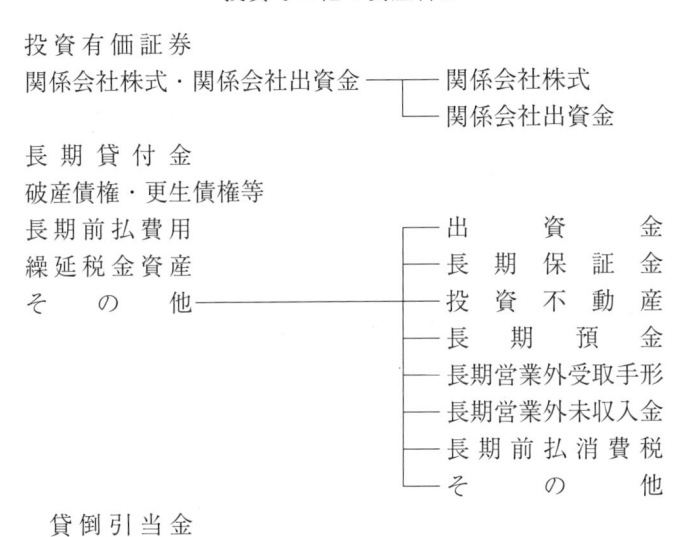

投資有価証券
関係会社株式・関係会社出資金 ── 関係会社株式
　　　　　　　　　　　　　　　└─ 関係会社出資金

長期貸付金
破産債権・更生債権等
長期前払費用　　　　　　　　　　┌─ 出　資　金
繰延税金資産　　　　　　　　　　├─ 長期保証金
そ　の　他 ────────────────┼─ 投資不動産
　　　　　　　　　　　　　　　　├─ 長期預金
　　　　　　　　　　　　　　　　├─ 長期営業外受取手形
　　　　　　　　　　　　　　　　├─ 長期営業外未収入金
　　　　　　　　　　　　　　　　├─ 長期前払消費税
　　　　　　　　　　　　　　　　└─ そ　の　他

貸倒引当金

投資有価証券

　子会社株式を除く流動資産の有価証券以外の有価証券を記載します。会社が役員、従業員またはその他の名義をもって所有するものも含めます。

関係会社株式・関係会社出資金

　関係会社株式と関係会社出資金の両方がある場合にこれをまとめて「関係会社株式・関係会社出資金」と表示します。いずれか一方がない場合には「関係会社株式」または「関係会社出資金」として表示します（様式第15号記載要領15）。

長期貸付金

　返済期日が1年を超える貸付金を記載します。

貸借対照表の作成にあたっては、関係会社および役員に対する長期貸付金をそれぞれ他の長期金銭債権と合算して注記します。なお、役員に対する金銭債権の注記は、長期、短期の区分はいりません。

破産債権、更生債権等

営業取引以外の取引によって発生した未収入金、破産債権・再生債権・更生債権などその支払期日が決算期後1年を超えるものを記載します。

営業取引によって生じた金銭債権（受取手形、完成工事未収入金など）については、営業循環基準によってすべて流動資産に記載しますが、破産債権、更生債権は、通常の営業循環過程からはずれた金銭債権ですから、この長期営業外未収入金に含めて記載します。

破産債権とか更生債権は、取引先が破産宣告を受けたり、会社更生法の適用を受けて更生計画が裁判所によって決定された場合の金銭債権です。

長期前払費用

前払費用のうち長期のもの、すなわち決算期後1年を超える期間経過後に費用となるものを記載します。

企業会計上の繰延資産（創立費、開業費など5項目）以外の法人税法施行令第14条第1項第9号に規定する次のいわゆる税法固有の繰延資産は、この科目か無形固定資産に記載します。

① 自己が便益を受ける公共的施設または共同的施設の設置または改良のために支出する費用
② 資産を賃借しまたは使用するために支出する権利金、立ち退き料その他の費用
③ 役務の提供を受けるために支出する権利金その他の費用
④ 製品等の広告宣伝の用に供する資産を贈与したことにより生ずる費用
⑤ ①から④までに掲げる費用のほか、自己が便益を受けるために支出する費用

繰延税金資産

　税効果会計の適用により資産として計上される金額のうち、繰延税金資産として記載されたもの以外のものを記載します。

その他

　貸借対照表の作成にあたって「その他」に属する資産でその金額が資産の総額の1/100を超えるものは、当該資産を明示する科目をもって記載します（様式第15号記載要領8）。

出資金
　信用組合、中小企業協同組合などに対する出資金を記載します。

長期保証金
　借地借家敷金、賃借保証金などで長期のものを記載します。

投資不動産
　営業の用に供されずに賃貸または転売による利得を目的として所有する土地、建物、その他の不動産を記載します。
　なお、賃貸建物については営業用建物に準じて減価償却を行わなければなりません。
　不動産業を兼業する場合は、転売を目的として所有する土地は販売用不動産（流動資産）とし、賃貸を目的として所有する土地、建物は、営業用の土地、建物（有形固定資産）として記載します。

長期預金
　定期預金、定期積金（積立定期を含む。）、金銭信託などで預金勘定に属さないものを記載します。
　通常は預金勘定で処理しておいて、貸借対照表の作成にあたって決算期後1年以内に満期日の到来しないものを長期預金勘定に組み替えて表示する方法もあります。

長期営業外受取手形
　固定資産の売却など営業取引以外の取引によって生じた受取手形でその

支払期日が決算期後1年を超えるものを記載します。

長期営業外未収入金

営業取引以外の取引に基づいて発生した未収入金で営業外未収入金勘定に属さないものを記載します（破産債権、更生債権等を除く。）。

長期前払消費税

長期前払消費税は、法人税法施行令第139条の4（資産に係る控除対象外消費税額の損金算入）の規定によって、費用処理された消費税以外の繰延消費税額を5年間にわたって費用処理（60か月均等損金算入。ただし、初年度は通常の1／2が限度。）するものです。

その他

上記以外のゴルフ会員権など投資の性質を有するものがあるときは、当該項目を示す名称を付して記載します。

貸倒引当金

長期貸付金、破産債権、更生債権等またはこれらに準ずる債権（長期営業外受取手形、長期営業外未収入金）に対する貸倒見込額を記載します。

貸倒引当金については、流動資産の短期債権貸倒引当金を参照して下さい。

4 繰延資産

繰延資産は、すでにその対価に対する支出は完了しているが、その支出の効果が次期以降に及ぶことから、これを支出期だけの費用としないで、効果の及ぶ数期間の費用として配分するために資産として計上するものです。

会社法では、会社計算規則第106条第3項第5号で繰延資産として計上することが適当であると認められるものが、繰延資産に属すると規定されているだけで、旧商法施行規則のように、繰延資産として計上することができる項目および償却方法等について、具体的な取扱いおよび償却方法が示されていません。

このため、平成18年8月企業会計基準委員会から「繰延資産の会計処理に関する当面の取扱い」が明らかにされています。
　これにより、繰延資産として表示される科目は、旧商法施行規則で限定列挙されていた7項目のうち、「建設利息」および「社債発行差金」を除く後掲の5項目に限定されました。
　「建設利息」は会社法において廃止され、また、「社債発行差金」は「金融商品に関する会計基準」において、社債発行差金相当額を社債金額から直接控除する会計処理に改正されたため、繰延資産の項目に計上することがなくなりました。
　繰延資産の部は、企業により発生しない場合はこの部を設ける必要はありません（様式第15号記載要領4）。繰延資産は、償却額を控除した残額を記載します。
　税法では、繰延資産の範囲として旧商法が繰延経理を認めている7項目は平成19年の税制改正で前記と同様5項目に改正されました。そのほかに、公共的・共同的施設負担金、家屋等賃借権利金等を規定（法人税法施行令第14条第1項第9号）しています。この税法固有の繰延資産については、③(3)投資その他の資産の長期前払費用を参照して下さい。

繰延資産科目
株　式　交　付　費
社　債　発　行　費
創　　立　　費
開　　業　　費
開　　発　　費

株式交付費

　株式募集のための広告費、金融機関等の取扱手数料、目論見書・株券等の印刷費、変更登記の登録免許税等で、新株の発行または自己株式の処分に直接支出した費用を記載します。
　株式交付のときから3年以内のその効果の及ぶ期間にわたって定額法で

償却しなければなりません。税法は随意償却を認めています。

社債発行費

社債募集のための広告費、金融機関等の取扱手数料、目論見書・社債券等の印刷費、社債の登記の登録免許税等で、社債および新株予約権の発行のために直接支出した費用を記載します。

社債発行費は、償還期間内は原則として、利息法により償却しなければなりませんが、継続適用を条件に定額法による償却も可能です。

新株式予約権発行費は、3年以内のその効果の及ぶ期間にわたって定額法で償却しなければなりません。税法はいずれも随意償却を認めています。

創立費

会社の負担に帰すべき設立費用で、定款および諸規則作成のための費用、株式募集その他のための広告費、目論見書・株券等の印刷費、創立事務所の賃借料、設立事務にあたる使用人の給料、金融機関等の取扱手数料、創立総会に要する費用その他会社設立事務に関する必要な費用、発起人が受ける報酬で定款に記載して創立総会の承認を受けた金額ならびに設立登記の登録免許税等を記載します。

会社設立後5年以内のその効果の及ぶ期間にわたって定額法で償却しなければなりません。税法はいずれも随意償却を認めています。

開業費

土地、建物等の賃借料、広告宣伝費、通信交通費、事務用消耗品費、支払利子、使用人の給料、保険料、電気・ガス・水道料等で、会社成立後営業開始時までに支出した開業準備のための費用を記載します。

開業後5年以内のその効果の及ぶ期間にわたって定額法で償却しなければなりません。税法は随意償却を認めています。

開発費

　新技術または新経営組織の採用、資源の開発、市場の開拓等のために支出した費用、生産能率の向上または生産計画の変更等により、設備の大規模な配置替えを行った場合等の費用を記載します。ただし、経常費の性格をもつものは含まれません。

　支出後5年以内のその効果の及ぶ期間にわたって定額法で償却しなければなりません。税法は随意償却を認めています。

6　負債の部

1　区　分

　負債は、その返済期限の長短に応じて、流動負債と固定負債とに区分されます。

　負債を流動負債と固定負債に区分する基準は、資産の場合と同じく営業循環基準と1年基準（ワン・イヤー・ルール）によります。すなわち、営業取引に基づいて発生した金銭債務はすべて流動負債に、営業取引以外の原因によって生じた金銭債務およびその他の負債は、1年基準により流動負債と固定負債に区分して記載します。

　また、流動資産の場合と異なり、当初の返済期限が決算期後1年を超えるものが、時の経過にともなって返済期限が1年以内に到来することとなったときは、すべて流動負債の部に振替え表示しなければなりません。

```
負債の部 ─┬─ 流動負債
          └─ 固定負債
```

2　流動負債

　流動負債は、営業循環過程で発生した金銭債務および1年以内に返済しなければならない負債をいいます。

なお、建設業以外の事業をあわせて営む場合には、当該事業の営業取引にかかる負債についてその内容を示す適当な科目をもって記載します。ただし、当該負債の金額が負債資本の合計額の1/100以下のものは同一の性格の科目に含めて記載することができます（様式第15号記載要領11準用規定）。

流動負債科目

```
支　払　手　形
(割　引　手　形)
(裏　書　手　形)
工　事　未　払　金
短　期　借　入　金
未　　払　　金
未　払　費　用
未　払　法　人　税　等
繰　延　税　金　負　債
未　成　工　事　受　入　金
預　　り　　金
前　受　収　益
修　繕　引　当　金
完成工事補償引当金
工　事　損　失　引　当　金
役　員　賞　与　引　当　金
そ　　の　　他 ─┬─ 営業外支払手形
                ├─ 従業員預り金
                ├─ 借　受　金
                ├─ 借　受　消　費　税
                └─ そ　の　他
```

[支払手形]

材料貯蔵品の購入代金、工事費、販売費及び一般管理費など営業取引に基づいて発生した手形債務を記載します。

営業取引以外の機械や工具など固定資産の購入の支払手形は、営業外支

払手形（その他流動負債）に、金融手形（手形借入金）は、金融上の目的から振り出されるものですから短期借入金に記載します。

割引手形

決算期日未到来の受取手形および営業外受取手形の割引高を記載します。受取手形はその支払期日以前に取引銀行で、一定の手数料（割引料）を払って換金することができ、この換金した手形を割引手形といいます。

裏書手形

決算期日未到来の受取手形および営業外受取手形の裏書譲渡高を記載します。

受取手形は工事未払金などの支払いのために裏書して債務者に譲渡することがあり、裏書して債務者に譲渡した手形のことを裏書手形といいます。

割引手形や裏書手形は、支払期日にその受取手形が決済されなければ（不渡り）手形の遡求義務が生じ、場合によっては支払者に代わって支払わなければならない偶発債務となります。

手形遡求義務などの偶発債務は注記表（第17号の2注3(2)）に注記しなければなりませんので、割引をしたときは割引手形勘定に、裏書譲渡したときは裏書手形勘定に記載して、期末に貸借対照表の作成にあたって、これらの残高を受取手形勘定から控除するとともに注記する処理が一般的に行われています。

工事未払金

工事費の未払額を記載します。

工事用材料貯蔵品の代金、取引業者への外注代金、その他工事費の未払額を記載しますが、これらの取引にかかる消費税等の未払いも含まれます。

工事未払金は、本来確定債務にかぎられますが、工事が完成しても原価の一部が未確定の場合、適正な見積額を工事未払金に計上することになります。

短期借入金

　返済期日が決算期後1年以内に到来する借入金または到来すると認められる借入金を記載します。なお、当座借越や金融手形も短期借入金に含めます。

未払金

　販売費及び一般管理費の未払額、固定資産購入代金未払額、未払配当金、未払事業所税およびその他の未払金で、支払期限が1年以内に到来すると認められるものを記載します。

未払費用

　未払費用は、一定の契約に従い、継続して役務の提供を受ける場合、すでに提供された役務に対していまだその対価の支払が終らないものをいい（企業会計原則注解5）、未払給料手当、未払利息、未払家賃などを記載します。

未払法人税等

　当期の課税所得に対する法人税、法人住民税（都道府県民税、市町村民税）、事業税などの損金不算入税の未払額を記載します。過年度の所得に対するこれらの税目の更正決定による追徴税額の未払額も含めます。

繰延税金負債

　税効果会計の適用により負債として計上される金額のうち、流動資産に属する資産または流動負債に属する負債に関連するものと、特定の資産または負債に関連しないもので決算期後1年以内に取崩されると認められるものを記載します。

　この勘定は、税効果会計を適用しない場合には記載を要しません。

　なお、繰延税金資産に記載すべき金額と繰延税金負債に記載すべき金額

とがあるときには、その差額を繰延税金資産または繰延税金負債として記載します（記載要領13）。

未成工事受入金

引渡しを完了していない工事についての請負代金の受入高を記載します。

長期の請負工事について工事進行基準を適用して、その出来高相当額を完成工事高に含めたときは、それに対応する請負代金の受入高を完成工事高に振替えることになります。

建設業の原価計算の方法は、個別原価計算によっており、原則としてすべての費用を個別工事原価に配賦するため補助部門費の再配賦計算など期末を待たなければできないものがあることから工事原価は期末に確定されます。したがって、完成工事原価と対応関係にある完成工事高も決算期末に未成工事受入金を振替え、計上するのが一般的です。

預り金

営業取引に基づいて発生した預り金と営業外取引に基づいて発生した預り金で履行期が決算期後1年以内に到来するものまたは到来すると認められるものを記載します。

営業取引に基づいて発生した預り金は、得意先や協力業者などからの預り金、従業員の源泉所得税や社会保険料預り金、消費税預り金などがあります。なお、消費税預り金は、税抜方式を採用する場合、決算期に完成工事高に計上しない未成工事受入金にかかる仮受消費税（未成工事受入金の入金のつど、仮受消費税を認識する処理方法を採った場合）をこの勘定に振替え、翌期首に振戻す預り金です。

営業外取引に基づいて発生した建物などを外部に賃貸した場合に受け入れる敷金や保証金などは、1年基準が適用され返済期日が1年以内に到来するものを記載します。1年を超えるものは固定負債（営業外長期預り金）となります。

預り金の金額が負債および純資産の合計額の1/100以下である場合には

流動負債の「その他」に含めて記載できます（様式第15号記載要領11）。

前受収益

前受収益は、一定の契約に従い、継続して役務の提供を行う場合、いまだ提供していない役務に対し支払を受けた対価をいい（企業会計原則注解5）、前受利息、前受賃貸料、前受手数料などを記載します。

修繕引当金

完成工事高として計上した工事にかかる機械等の修繕などに対する引当額を記載します。

税法上、工事機械等の修繕費は、決算期末までに実際に修繕が実施されていない場合には、その修繕費を引当て計上することは認められず、修繕直後において使用される工事の原価に算入すべきものと解されているようです。

しかしながら、税法は完成工事原価の額が確定していない場合の見積り計上を認めていることから、完成工事高として計上した工事が負担すべき修繕費の引当て計上を認めるべきであり、また、それは工事原価計算を適正ならしめるために必要であると考えられています。

【引当金について】

引当金は、将来発生すると予想される費用または損失について、それが当期に負担すべき事由があるとき、当期の費用または損失を引当て計上するものです。

引当金を計上するためには次の要件を充たしていることが必要です（企業会計原則注解18）。

① 将来の特定の費用または損失に対するものであること。
② その発生が当期以前の事象に起因していること。
③ その発生の可能性が高いこと。
④ その金額を合理的に見積ることができること。

引当金は、資産の部の引当金すなわち評価性引当金（所有資産価値の減

少を見越して計上するもの）と、負債の部の引当金すなわち負債性引当金とに分類されます。さらに負債性引当金は、条件付債務（債務は発生しているが、将来一定の条件が確定するまで支払われない債務に備えるためのもの）と債務でない引当金（条件付債務ではないが、将来の支出（費用または損失）に備えるためのもの）に区分されます。

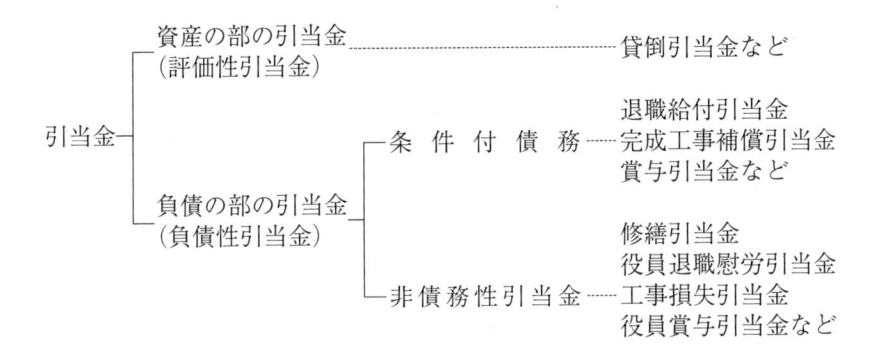

```
引当金 ┬ 資産の部の引当金 ──────────── 貸倒引当金など
       │ （評価性引当金）
       │
       │                   ┌ 条 件 付 債 務 ── 退職給付引当金
       │                   │                   完成工事補償引当金
       └ 負債の部の引当金 ┤                   賞与引当金など
         （負債性引当金）  │
                           │                   修繕引当金
                           │                   役員退職慰労引当金
                           └ 非債務性引当金 ── 工事損失引当金
                                               役員賞与引当金など
```

　租税特別措置法で法人税の課税所得の計算上その繰入額が損金として認められる準備金がありますが、そのうち、企業会計原則注解18の引当金の要件を満たすものは、引当金の名称を付して負債の部に記載します。それ以外の準備金は純資産の部に計上することになります。

　なお、旧商法で求められていた非債務性引当金についての注記は、会社法において廃止されました。

完成工事補償引当金

　工事が完成して引渡しを完了した工事にかかる*かし担保に対する引当額を記載します。

　工事の完成引渡し後一定期間、かし担保責任よりその工事のかし補修をする場合の費用を見積って引当金として計上します。

---

*かし担保
　完成引渡した後に契約目的物に欠陥があった場合に請負者が注文者に対して負う欠陥補修などの保証。

完成工事補償引当金は、昭和45年度の税制改正で、税法上の引当金として、建設業を対象として認められ、昭和46年度の税制改正で同業の引当金を設定できる業種の範囲を拡大し、製品保証等引当金とされました。
　その後、平成10年度税制改正により、製品保証引当金は廃止され、現在では完成工事補償引当金繰入額の損金算入は、税法上認められていません。
　しかし、会計上は税務計算上で損金に算入されるか否かに関係なく、企業会計原則注解18に則り、過去の完成工事補修実績に基づいて見積った金額を引当金に繰り入れることが必要となります。
　なお、完成工事補償引当金の繰入額は、完成工事原価中の経費（補償費）の科目で処理します。

工事損失引当金

　受注工事に係る将来の損失に備えるため、手持工事のうち損失の発生が見込まれ、かつ、その金額を合理的に見積ることができる工事について、その損失見込額を記載します。
　工事損失見込額は、工事受注後の実行予算書等の作成時点で認識するほか、工事の進捗に伴い工事損益の見直しが行われた場合は、工事損失見込額についても見直す必要があります。
　工事損失引当金の繰入額は、臨時かつ巨額の場合を除いて、損益計算書の完成工事原価に計上します。また、工事完成時および過年度計上の引当金が過大となったときは、取崩しを行い、完成工事原価を相殺する形で損益計算書に計上します。

役員賞与引当金

　当期の職務執行の対価として、決算日後の株主総会において支給が決定される役員賞与に対する引当額を記載します。
　平成18年の会計法施行に伴い、役員賞与について、商法上の利益処分案の株主総会決議規定がなくなり、役員賞与は職務執行の対価とされたことから、発生した会計期間の費用として処理することにされました（役員賞

与に関する会計基準)。

役員賞与の支給は、決算日後の株主総会決議後となることから、支給見込額で、当期の職務に係る額を引当金に計上します。

その他

「その他」に属する負債でその金額が負債資本の合計額の1/100を超えるものは、当該負債を明示する科目をもって記載します（様式第15号記載要領11準用規定）。

営業外支払手形
固定資産の購入など営業取引以外の取引に基づいて発生した手形債務で、支払期日が決算期後1年以内に到来するものまたは到来すると認められるものを記載します。

従業員預り金
労働基準法第18条の規定による従業員からの預り金、いわゆる社内預金で支払期日が決算期後1年以内に到来するものまたは到来すると認められるものを記載します。

役員の社内預金も使用人兼務取締役のものは、従業員並みに取扱ってここに含めて記載して差し支えないと考えられていますが、貸借対照表に注記が必要となります。使用人兼務取締役以外の役員の社内預金は含めることはできません。

仮受金
決算期末において当該受入額などの属すべき勘定または金額が確定せず、その内容を示す科目によって記載できないものを記載します。

仮受金は、流動資産の仮払金の反対勘定であり、貸借反対という以外はすべて仮払金とその性質を同じくする勘定です。貸借対照表での仮受金勘定の表示は好ましくありません。

仮受消費税
消費税等の会計処理で税抜方式を採用した場合の課税売上に係る消費税等を記載します。

仮受消費税は、得意先等から預った売上げにかかる消費税等を一時的に処理する勘定で、貸借対照表には記載されません。

すなわち、期末において仮受消費税勘定のうち収益に計上していない工事収入にかかる額を預り金勘定に、また仮払消費税勘定のうち仕入税額控除の対象とならない額を販売費及び一般管理費等に振替えたのち、仮受消費税と仮払消費税の残高を相殺し、差額が貸方の場合は未払金勘定（未払消費税）で、借方の場合は営業外未収入金勘定（未収消費税）で処理します。

その他

上記以外の流動負債項目があるときは、当該項目を示す名称を付して記載します。

③ 固定負債

固定負債は、営業取引以外の原因に基づいて発生した債務で、決済期日が決算期後1年を超えるものをいいます。

分割返済の定めがある長期借入金などについては、決算期後1年以内の分割返済予定額を流動負債に振替えて表示することになります。

固定負債科目

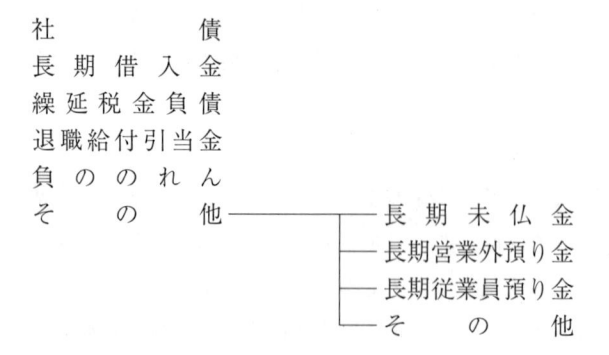

```
社        債
長 期 借 入 金
繰 延 税 金 負 債
退 職 給 付 引 当 金
負 の の れ ん
そ  の  他 ──┬── 長 期 未 払 金
            ├── 長期営業外預り金
            ├── 長期従業員預り金
            └── そ  の  他
```

社 債

会社法第2条第23号の規定に基づいた社債で、償還期限が決算期後1年を超えて到来するもの、または到来すると認められるものを記載します。

なお、平成18年5月1日の会社法施行日前の決議により発行された新株予約権付社債は、従前の会計処理を継続することとされています。

長期借入金

返済期日が決算期後1年を超えて到来する借入金や金融手形を記載します。

分割返済などの1年以内の返済額は、短期借入金勘定に振替えて表示します。

貸借対照表の作成にあたっては、関係会社、役員からの長期借入金と他の長期金銭債務との合計額をそれぞれ注記表3(3)および(4)（役員に対する金銭債務の注記は、長短の区別を要しない。）に記載します。

繰延税金負債

税効果会計の適用により負債として計上される金額のうち、繰延税金負債として記載されたもの以外のものを記載します。

会計処理と表示については、繰延税金負債と同様です。

退職給付引当金

退職給付会計を適用する場合は、将来の退職給付のうち当期の負担に属する額を退職給付引当金に含めて記載します。

退職金の性格は、労働協約等に基づき従業員の提供した労働の対価として支払われるものとして、賃金の後払いと捉える考え方が一般的です。これにより、将来における退職金支出の原因は、それ以前の期間の労働に伴って発生することと考えられることから、この事実を期間損益計算に反映させるために、将来支給すべき退職金のうち、当期の負担に属すべき金額を当期の費用として認識し、その期末現在における累計額を引当金として貸借対照表に計上しなければなりません。

退職給付制度

就業規則等の定めに基づく退職一時金、厚生年金基金、適格退職年金お

よび確定給付企業年金の退職給付制度を採用している会社にあっては、従業員との関係で法的債務を負っていることになるため、引当金の計上が必要となります。

確定給付型退職給付債務の会計処理──原則法

退職時に見込まれる退職給付の総額のうち、期末までに発生していると認められる額を一定の割引率および予想残存勤務期間に基づいて割引計算した退職給付債務に、未認識過去勤務債務および未認識数理計算上の差異を加減した額から年金資産の額を控除した額を退職給付に係る負債・退職給付引当金として計上します。

確定給付型退職給付債務の計算方法──簡便的方法

退職一時金制度の場合、退職給付に係る期末自己都合要支給額をもって退職給付債務とすることは、会社が自ら計算することができる方法です。

確定給付型の企業年金制度であっても、通常、支給実績として従業員が退職時に一時金を選択することが多いので、この場合には、退職一時金制度と同様に退職給付債務を計算することができます。

中小企業退職金共済制度等の会計処理

中小企業退職金共済制度、特定退職金共済制度および確定拠出年金制度のように拠出以後に追加的負担が生じない外部拠出型の制度については、その制度に基づく要拠出額である掛金をもって費用処理します。

ただし、退職一時金制度等の確定給付型と併用している場合には、それぞれ会計処理する必要があります。

なお、退職一時金の一部を中小企業退職金共済制度等から支給する制度の場合には、期末自己都合要支給額から同制度より給付される額を除いた金額によることになります。

退職金規程がなく、退職金等の支払に関する合意も存在しない場合

退職金規程がなく、かつ退職金等の支払に関する合意も存在しない場合には、退職給付債務の計上は原則として不要です。

ただし、退職金の支給実績があり、将来においても支給する見込みが高く、かつ、その金額を合理的に見積ることができる場合には、重要性がな

い場合を除き、引当金を計上する必要があります。

適用的差異特則

退職給付引当金を計上していない場合、一時に処理することは、財政状態および経営成績に大きな影響を与える可能性が高くなります。そのため、退職給付会計基準適用に伴い、新たな会計処理の採用により生じる影響額（適用時差異）は、通常の会計処理とは区分して、本基準適用後、10年以内の一定の年数または従業員の平均残存勤務年数のいずれか短い年数にわたり定額法により費用処理することができます。この場合には未償却の適用時差異の金額を注記することが必要となります。

その他

貸借対照表の作成にあたって「その他」に属する負債でその金額が負債純資産の合計額の1/100を超えるものは、当該負債を明示する科目をもって記載します（様式第15号記載要領9準用規定）。

長期未払金

固定資産の購入代金など営業取引以外の取引に基づいて発生した未払金で、その支払期日が決算期後1年を超えるものを記載します。

土地、建物などを長期の割賦払を条件として購入した場合の未払額があります。当初の支払期日が1年を超えたために長期未払金として記載されたものも、その後、支払期日が決算期後1年以内に到来するものは、流動負債の未払金に振替えて表示することになります。

長期営業外預り金

敷金など営業取引以外の取引に基づいて発生した預り金で、返済期日が1年を超えるものを記載します。

土地、建物を賃貸した場合に預かる敷金など返済期日が決算期後1年を超えるもの、返済期日の定めがなくとも短期間に返済されないことが明らかなものを記載します。

当初の支払期日が1年を超えたために長期営業外預り金として記載されたものも、その後、支払期日が決算期後1年以内に到来するものは、流動

負債の預り金勘定に振替えて表示することになります。

長期従業員預り金

労働基準法第18条の規定による従業員からの預り金、いわゆる社内預金で、払戻し日が決算期後1年を超えるもの（1年を超える定期預金・住宅積立金など）を記載します。

長期従業員預り金のうち満期日が決算期後1年以内に到来するものは、流動負債の従業員預り金に振替えて表示することになります。

<u>負ののれん</u>

会計計算規則第11条から第29条までに定められているのれんのうち、負債に計上されるものを記載します。

合併、事業譲渡等により取得した被取得企業または取得した事業の取得原価が、取得した資産および引き受けた負債に配分された純額を下回る場合の不足額が「負ののれん」として計上されます。

その償却については20年以内の取得の実態に基づいた適切な期間で規則的に償却することとされ、償却額は営業外収益に計上することとされています。

その他

上記以外の固定負債があるときは、当該項目を示す名称を付して記載します。

7 純資産の部

従来の資本の部に代わる名称および内容として、「貸借対照表の純資産の部の表示に関する会計基準」（平成17年）によって定められ、これらの区分および表示は、会計計算規則第108条に導入されました。

1 区　分

純資産の部は会社法上、株主資本、評価・換算差額等および新株予約権の各部に区分します。

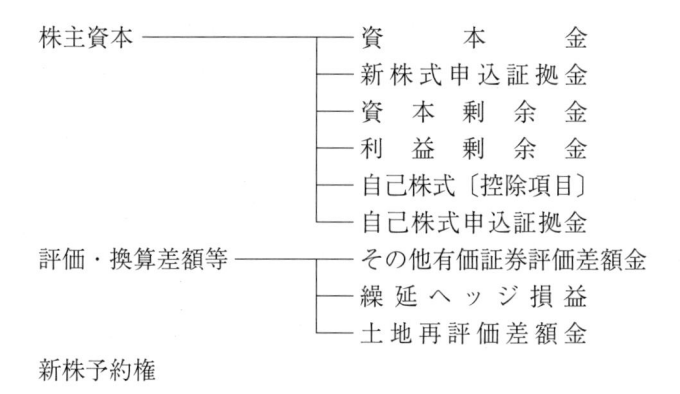

```
株主資本 ─────┬── 資 本 金
              ├── 新株式申込証拠金
              ├── 資 本 剰 余 金
              ├── 利 益 剰 余 金
              ├── 自己株式〔控除項目〕
              └── 自己株式申込証拠金
評価・換算差額等 ┬── その他有価証券評価差額金
                ├── 繰 延 ヘ ッ ジ 損 益
                └── 土 地 再 評 価 差 額 金
新株予約権
```

2 株主資本

「株主資本」は、会社計算規則第108条（純資産の部の区分）第1項第1号で新たに設けられた区分で、株式会社の貸借対照表の純資産の部は、イ株主資本、ロ評価・換算差額等、ハ新株予約権に区分すべきこととされました。

同条第2項で、「株主資本」にかかる項目は、

一　資　本　金
二　新株式申込証拠金
三　資　本　剰　余　金
四　利　益　剰　余　金
五　自己株式〔控除項目〕
六　自己株式申込証拠金

に区分すべきこととされました。

株主資本は株主の払込資本と会社が稼いだ剰余金などをいいます。

資本金

会社法第445条（資本金の額および準備金の額）第1項の規定により、設立または株式の発行に際して株主となる者が、会社に払込みまたは給付した財産の額（払込金額）のうち、資本金として計上した額を記載します。

ここで資本金に組み入れなかった額は資本準備金となります。

　株式発行にあたって資本に組み入れなければならない額は、額面株式の場合は発行価額の2分の1以上または額面金額のいずれか大きい額、無額面株式の場合は発行価額の2分の1以上となります（同条第2項）。

　株式会社成立後において、株主総会の決議によって資本金の額を減少し、剰余金（その他資本剰余金）の額を増加すること（会社法第446条第3号）、または準備金（資本準備金）の額を増加すること（会社法第44条第1項第2号）することができます。この資本金減少額について下限の定めはないので、資本金を0とすることも可能です。

　また会社設立後において、株主総会の決議によって、準備金（資本準備金）の額を減少して資本金の額を増加すること（会社法第448条第1項）、剰余金（その他資本剰余金）の額を減少して資本金の額を増加すること（会社法第450条第1項）ができます。

[新株式申込証拠金]

　新株式の申込期日経過後、払込期日の前日までにおける新株式の申込証拠金を記載します。

　新株式申込証拠金は、株主からの出資金が払込期日前に払い込まれたにすぎず、すぐに払込資本となることから、資本金の区分の次に区分を設けて記載します。

　払込期日が決算日にあたる場合の新株式払込金は、旧商法では、株主となるのは払込期日の翌日とされていたため、新株式申込証拠金と同様、資本金と区分していましたが、会社法では、株主となる日は払込日となったため、新株式払込金は生じないこととなりました。

[資本剰余金]

　資本剰余金は、資本取引から生じた剰余金であり、資本準備金およびその他資本剰余金に区分して記載します。

```
資本剰余金 ─┬─ 資 本 準 備 金
            └─ その他資本剰余金
```

資本準備金

　増資による株式の払込金額のうち資本金に組み入れなかった株式払込剰余金等、会社法第445条第3項により、資本準備金として積み立てることが必要とされているものおよびその他資本剰余金から配当する場合で、利益準備と合わせて資本金の額の4分の1に達していないときに計上しなければならないもの（会社法第445条第4項）、第447条および第451条の規定によるものを記載します。

その他資本剰余金

　資本剰余金のうち、会社法で定める資本準備金以外のものを記載します。資本金および資本準備金の取崩しによって生じる剰余金（資本金および資本準備金減少差益）および自己株式処分差益がこれに含まれます。

利益剰余金

　利益剰余金は、利益を源泉とする剰余金（利益の留保額）であり、次の2つに区分されます。

```
利益剰余金 ─┬─ 利 益 準 備 金
            └─ その他利益剰余金
```

利益準備金

　その他利益準備金から配当する場合、資本準備金の額と合わせて資本金の額の4分の1に達していないときは、達していない額の利益剰余金配当割合（配当額のうちその他利益剰余金から配当する割合）か配当額の10分の1の額の利益剰余金配当割合のいずれか小さい額を計上しなければなりません（会社法第445条第4項）。計数の変動によるその他利益剰余金から

の組入（会社法第451条）もあります。

利益準備金の額の減少により生じた「剰余金」は、減少の法的手続が完了したとき（会社法第448条および第449条）に、その他利益剰余金（繰越利益剰余金）に計上します。

その他利益剰余金

株主総会または取締役会の決議に基づき設定される項目は、その内容を示す項目に区分し、それ以外は繰越利益剰余金に区分します。

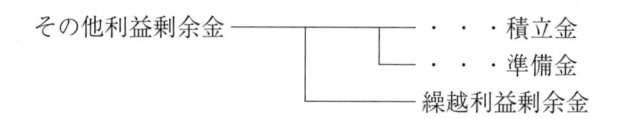

```
その他利益剰余金 ─┬─ ・・・積立金
                  ├─ ・・・準備金
                  └─ 繰越利益剰余金
```

任意積立金

・・・積立金（準備金）勘定は、積立ておよび取崩しにより繰越利益剰余金との間で増減し、一般に任意積立金と呼ばれます。

任意積立金は会社が独自の判断で積立てるもので、特に目的を限定しない別途積立金、目的を限定した修繕積立金等および税法上の特例を利用するために設ける圧縮積立金や特別償却準備金等があります。

繰越利益剰余金

利益剰余金のうち、利益準備金および・・・積立金（準備金）以外のものを記載します。

従来の当期未処分利益に代わる科目として、「貸借対照表の純資産の部の表示に関する会計基準」（平成17年12月）によって付けられた名称です。

なお、株主資本等変動計算書において、前期末のその他利益剰余金に当期純損益や配当額などの当期の変動額を加減して当期末のその他利益剰余金が示されます。

なお、その他利益剰余金の金額が負となった場合には、マイナス残高として表示します（記載要領19）。

自己株式

期末に保有する自己株式は、株主資本の末尾において控除形式により表示します。

① 取得および保有

自己株式の取得は、実質的に資本の払戻しとしての性格を有しているため、取得価額をもって純資産の部の株主資本の末尾において控除して表示します。自己株式の取得に関する付随費用は、営業外費用として計上します。

② 自己株式の処分

自己株式の処分の対価と自己株式の帳簿価額との差額が差益の場合は、「その他資本剰余金」として計上します。差損の場合は、「その他資本剰余金」から減額し、控除しきれない場合には、「その他利益剰余金（繰越利益剰余金）」から減額します。

③ 自己株式の消却

自己株式の消却手続が完了した時点において、消却する自己株式の帳簿価額を「その他資本剰余金」から減額し、控除しきれない場合は、「その他利益剰余金（繰越利益剰余金）」から減額します。

自己株式申込証拠金

申込期日経過後における自己株式の申込証拠金を記載します。

自己株式申込証拠金は、自己株式の処分が募集株式の発行等の手続により行われる場合、払込期日前日までに受領した自己株式の処分の対価相当額を、自己株式の次に区分を設けて記載します。

会社法では、株式の引受人は払込期日から株主となるため、自己株式払込金勘定は生じません。

③ 評価・換算差額等

その他有価証券評価差額金や繰延ヘッジ損益等、資産または負債に係る

評価差額を当期の損益にしていない場合の評価差額（税効果考慮後の額）をその内容を示す項目をもって計上します。

その他有価証券評価差額金

時価のあるその他有価証券を期末日時価により評価替えすることにより生じた差額から税効果相当額を控除した残額を記載します。

その他有価証券評価差額金は原則として「その他有価証券」を個別に時価評価したことにより生じる評価差益および評価差損の合計額から、税効果額を控除した残額を純資産の部に計上する方法（全部純資産直入法）により計上します。評価差益は税効果を控除した残額を純資産の部に計上し、評価差損は当期の損失として処理する方法（部分純資産直入法）は、継続適用を条件として適用することができます。また、株式、債券等の有価証券の種類ごとに、両方法を区分して適用することもできます。

繰延ヘッジ損益

繰延ヘッジ処理されるデリバティブ等を評価替えすることにより生じた差額から税効果額を控除した残額を記載します。

繰延ヘッジ損益には、この繰延べられるヘッジ手段に係る損益または時価評価差額から税効果額を控除して計上します。従来、繰延ヘッジ損失は資産、繰延ヘッジ利益は負債としていましたが、会社法では繰延ヘッジ損失および利益の純額を純資産の部に計上することとなったため、その他有価証券評価差額金などと同様に、税効果会計が適用されます。

土地再評価差額金

土地の再評価に関する法律（平成10年法律第34号）に基づき事業用土地の再評価を行ったことにより生じた差額から税効果額を控除した残額を記載します。以上のほか、評価換算差額等に計上することが適当と認められるものについては、内容を明示する科目をも記載します（記載要領20）。

土地再評価差額金の取崩額は、当期純利益（損益計算書）には反映され

ず、その他利益剰余金（貸借対照表および株主資本等変動計算書）に直接計上されます。なお、土地再評価差額金の取崩しに伴う再評価に係る繰延税金資産および繰延税金負債（税効果額）の戻入額は、法人税等調整額（損益計算書）として処理します。

4 新株予約権

新株予約権は、将来、権利行使され払込資本となる可能性がありますが、権利行使されるまでの間その性格が確定しないため、旧商法では仮勘定として負債の部に計上していましたが、負債ではないため、会社法では純資産の部に計上することとされました。

新株予約権

株式会社に対して行使することにより当該株式会社の株式の交付を受けることができる権利としての新株予約権から自己新株予約権を控除した残額を記載します。

あらかじめ定められた価格で、あらかじめ定められた数の株式を取得できる権利ということができます。

経営者や従業員に対する報酬制度として用いられる場合、それはストック・オプションと呼ばれます。

新株予約権は負債ではありませんので、純資産の部に表示されます。しかし、新株予約権者は、まだ株主ではありませんので、株主資本と異なる区分で表示されます。権利行使され株式が発行されますと、新株予約権から資本金または資本金および資本準備金に振替えられます。権利行使されず期限切れになった場合、わが国では国際基準と異なり、新株予約権は特別利益に振替えられます。つまり新株予約権は貸借対照表では純資産の部に表示されるものの、損益計算書上は、従来どおり、負債と同様の扱いを受けることになっています。

第3章　損益計算書

1　損益計算書の原則

1　収益と費用

　収益とは、企業の経営活動を通じて資本の増加をもたらす原因をいい、営業収益、受取利息などがあります。

　費用とは、企業の経営活動を通じて資本の減少をもたらす原因をいい、営業費用、支払利息などがあります。

　企業会計では、収益とその収益を獲得するために消費した費用と対応させ比較することによって、その差額として純損益を算定し、それをもって企業の経営効率や成長力についての判断の重要な尺度とします。

2　当期業績主義と包括主義

　損益計算に含まれる費用収益の諸項目は、企業会計原則では大きく、営業損益計算、経常損益計算、純損益計算のそれぞれに属するものに三分されます。

　営業損益計算の区分とは、企業の営業活動からなる収益（売上高）および費用（売上原価等）を記載して、営業損益を計算します。

　経常損益計算の区分は、営業損益計算の結果を受けて、利息および割引料、有価証券売却損益その他営業活動以外の原因から生ずる損益で、特別損益に属さないものを記載し、経常損益を計算します。

　純損益計算の区分は、経常損益計算の結果を受けて、前期損益修正額・

固定資産売却損益等の特別損益を記載し、当期純利益を計算します。

　経常損益計算をもって損益計算書を作成すべきであるとする立場を当期業績主義と呼び、経常損益のほかに特別損益をも含めて損益計算書を作成すべきであるとする立場を包括主義といいます。

③　基本原則

　損益計算における収益および費用を、いかに認識し、測定するかが重要な課題です。

　ここで、認識とは、収益および費用の計上時点を決定し、それらを特定の期間に帰属させることです。測定とは、認識された収益および費用を金額で表現することです。

　収益・費用の認識・測定に関連した損益計算書上の基本原則として、発生主義の原則、実現主義の原則、費用収益対応の原則、費用配分の原則があります。

(1) 発生主義の原則

　発生主義の原則は、収益および費用の計上時点を現金収支の有無にかかわりなく、それらの発生の事実に基づいて判断することを要求する原則であり、収益・費用の認識全般に係る基本原則として位置づけられています。

(2) 実現主義の原則

　実現主義の原則は、ある期間に実現した収益のみがその期間の損益計算書上の収益として計上されるべきであるとする収益の認識に関する基本原則であり、発生主義の原則に対しては、収益認識の面で制約する関係にあるとみられています。

(3) 総額主義の原則

　総額主義の原則は、損益計算書において、費用および収益は、総額によって記載することを原則とし、費用項目と収益項目とを直接相殺することによってその全部または一部を損益計算書から除去してはならないとするもので、経営活動の価値的総額を表示させるもので、明瞭性の原則の表われです。

(4) 費用収益対応の原則

　費用収益対応の原則は、期間収益と期間費用とを因果関係的に対比して損益計算を行い、かつ損益計算書上で表示しようとするものです。成果と努力の対比という損益計算の基本目的から生ずる基本原則です。

(5) 費用配分の原則

　費用配分の原則は、費用性資産の原価を一定の基準に従って、当期と次期以降の各会計期間に配分しなければならないとする原則で、費用の測定に関する基本原則であるとともに、資産の測定に関する基本原則でもあります。

2　損益計算書の開示原則

　企業会計原則では「損益計算書は、企業の経営成績を明らかにするため、一会計期間に属するすべての収益とこれに対応するすべての費用とを記載して経常利益を表示し、これに特別損益に属する項目を加減して当期純利益を表示しなければならない。」とされています。すなわち損益計算書はすべての損益項目を表示し、企業の経営成果たる当期純利益を表示することを本質的な機能としています。

　さらに、損益計算書の明瞭原則として、総額主義、区分表示、対応表示の各原則を規定しています。

① 総額主義の原則

　総額主義の原則は、前述したように損益計算書では営業取引における明瞭性の原則の表われですが、営業取引以外の売買取引には重要性の原則が適用され、固定資産売却益、有価証券売却益等は*純額で表示されます。

② 区分表示の原則

　区分表示の原則とは、費用および収益をその発生源泉に従って明瞭に区分し、各収益項目と費用項目とを区分して対応表示しなければならないと

＊純額

　売却代金と簿価との差額をいいます。

する原則です。

　企業会計原則では、営業損益計算、経常損益計算、純損益計算の3つに区分され、さらに最後に、未処分損益計算の区分が付記されます。

　この未処分損益の計算は、本来損益計算書に含めるべきではないのですが、配当可能利益の算定表示を目的とする旧商法の考え方を受けて、企業会計原則と旧商法との調整を図るために、これを損益計算書の末尾に記載することとしたものです。会社法による損益計算書では、この区分は削除されています。

③　対応表示の原則

　期間収益と期間費用とを因果関係的に対比して損益計算を行うことを、費用・収益対応の実質（計算）原則というのに対し、損益計算書上、収益と費用とを対応表示しようとすることを、費用・収益対応の形式（報告）原則といいます。企業会計原則では、損益計算書上で費用および収益を経営活動の性質に応じて源泉別に分類したうえで、対応表示の原則を適用すべきことを規定しています。

3　損益計算書の作成方法

　損益計算書の作成方法には、左側に費用を、右側に収益を記載し、収益と費用の差額である利益を左側に、損失を右側に記載する勘定式と、まず収益について記載し、ついで費用を記載し、最後に利益または損失を記載する報告式があります。会社は、損益計算書をいずれの方法によって作成することもできます。

　損益計算書は、報告式の方が一般の投資家にも理解しやすく、作成する場合にも便利ですから、ほとんどの損益計算書は報告式です。

```
（勘 定 式）                          （報 告 式）
  損益計算書                            損益計算書
費　用　×××  │ 収　益　×××        収　益　×××
利　益　×××  │                     費　用　×××
　　　　×××  │       ×××        利　益　×××
```

　建設会社の会社法上作成すべき財務書類の記載方法は、会社計算規則第146条により国土交通省令様式によることになります。国土交通省令様式は、貸借対照表、損益計算書とも報告式ですが、会社計算規則では、それらの様式については特に規定はなく、会社の判断に委ねられていますので、貸借対照表は勘定式、損益計算書は報告式によることになります。

4　損益計算書の区分

　平成18年5月1日に施行された会社法および会社計算規則により、次のような大幅な改正がありました。

① 　経常損益の部―┬―営業損益
　　　　　　　　　└―営業外損益

　　特別損益の部

の区分の記載が不要となりました。

② 　売上高から当期純利益（純損失）までの記載となり、前期繰越利益（損失）から当期未処分利益（未処理損失）までの記載は不要となりました。

　会社計算規則第3章損益計算書等第118条（通則）から第125条（当期純損益金額）までの規定により、次の区分が示されています。

　売上高
　売上原価
　　　売上総利益金額（売上総損失金額）
　販売費及び一般管理費
　　　営業利益金額（営業損失金額）
　営業外収益

営業外費用
　　経常利益金額（経常損失金額）
特別利益
特別損失
　　税引前当期純利益金額（税引前当期純損失金額）
　　当該事業年度に係る法人税等
　　法人税等調整額
　　当期純利益金額（当期純損失金額）
　なお、上記各種利益金額または損失金額のうち「金額」は削除可とされています。

1　売上高および売上原価

　国土交通省令様式では、売上高、売上原価について、完成工事高、完成工事原価のほかに兼業事業売上高、兼業事業売上原価を区分掲記することとしていますが、兼業事業売上高（2以上の*兼業事業を営む場合においては、これらの兼業事業売上高の総計）の売上高に占める割合が軽微な場合は完成工事高に含めて記載してよいこととされています。この場合の「軽微」については、事業の内容、損益の状況等を勘案して判断すべきですが、国土交通省令様式第19号（個人企業）で規定している売上高の10％が1つの目安となります。

　兼業事業が1種類の場合または2以上であっても、他が重要性のない場合は「兼業事業」と表示しないで、その主要な事業の内容を示す名称、たとえば「不動産事業等」と表示します。また「兼業事業」等の区分掲記がない場合は、「売上高」、「売上原価」、「売上総利益」の記載を省略します。

　　　　　　　　　　営業損益
　　　　　　　　　売上高
　　　　　　　　　　完成工事高

＊**兼業事業**
　建設業以外の事業を併せて営む場合における当該建設業以外の事業。

　　　　　　　　　兼業事業売上高
　　　　　　　　　売上原価
　　　　　　　　　　完成工事原価
　　　　　　　　　　兼業事業売上原価
　　　　　　　　　売上総利益
　　　　　　　　　　完成工事総利益
　　　　　　　　　　兼業事業総利益
　　　　　　　　　販売費及び一般管理費

(1) 完成工事高

　工事が完成し、その引渡しが完了したものについての最終総請負高を記載します。

　建設業における収益の計上基準は、原則として工事完成基準で、長期工事については実現主義の例外として工事進行基準の選択適用が認められています（企業会計原則・損益計算書原則三B注解7）。

　工事完成基準は、工事が完成しその引渡しが完了した日に工事収益を計上する方法で実質引渡し基準です。完成引渡しの判定は、実質引渡しの完了を意味するものであって、たとえ竣工式や支払請求のための完成届等の形式的な引渡しと認められる事実があっても、その後においてなお主要部分の工事が継続する場合や、大きな補修をしなければその用に供せられない場合、あるいは莫大な仮設物を要する工事であって、これを撤去しなければ通常引渡しが完了しないような場合は、それらが完了して初めて完成引渡しとなり、収益計上となります。

　　a　請負金額が確定しない場合の見積計上

　設計変更や追加工事その他の理由で最終請負金額が実質完成引渡しの日の事業年度の末日において確定していない場合には、請負金額および未成工事支出金等の現況を勘案して適正な見積計算を行って完成工事高を計上します。

　見積計上した完成工事高が翌事業年度以降において確定した場合の増減差額は、その確定の日を含む事業年度の完成工事高に含めて記載します。

　　b　共同企業体工事の完成工事高の計上方法

　共同企業体（JV）工事の完成工事高の計上方法は、共同施工方式の場合、

発注者と共同企業体構成員による連名の請負契約額に、出資割合を乗じた金額（持分額）を、また分担施工方式の場合、分担した工事額を完成工事高に計上します。

c　工事損益計算の単位

工事の損益計算は、原則として請負契約ごとに行います。

契約更改にともなう追加工事は、原契約の工事と一括して損益計算を行います。

別個の契約による追加工事は、原則として別個に損益計算を行います。ただし、本工事完成引渡し前に工事内容が本工事の対象物に密接不可分な変更を加える工事、またはその対象物と密接不可分のものを増設あるいは変更する工事、もしくは施工技術上密接に関連する工事を追加契約し、または着工した場合は、契約更改による工事に準じて取り扱います。

d　工事進行基準

企業会計原則は、長期の請負工事（工期1年以上のもの）について、工事進行基準または工事完成基準のいずれかを選択適用することを認めています（注解7）。

工事進行基準は、未成工事について期末における工事進行程度を見積り、適正な工事収益率によって工事収益の一部を当期の損益計算に計上する方法です。すなわち、期末における工事進行程度を合理的に見積って計算した期末出来高から前期末出来高を控除した「適正に計算した期中出来高相当額」を当期の完成工事高として計上します。工事進行程度は、発生した工事原価と適正に見積った総工事原価の比率によって算出するのが一般的です。

$$当期完成工事高 = 総請負金額 \times \frac{当期発生工事原価}{総工事原価見積額}$$

工事進行基準は、工事進行程度および工事収益率に見積計算が入ることから正確な工事損益の計上という点で工事完成基準に劣ります。したがって業界の慣行は、長期の請負工事についても工事完成基準を原則とし、工事完成基準によった場合に適正な期間損益をゆがめることになるような長

期の大型工事に限定して工事進行基準を適用しています。この場合、会社の工事の受注規模等の実態に合わせて「工期〇か月以上、請負金額〇億円以上」等と工事進行基準の適用基準を設定して毎期継続して適用することになります。

なお、平成10年度の法人税法の改正により、法人税の課税所得計算上、長期大規模工事（損失が発生すると見込まれるものを含む。）については、工事進行基準の方法により収益・費用を計上することとされ、長期大規模工事以外の工事（損失が発生すると見込まれる工事を除く。）については、工事完成基準に代えて工事進行基準の選択ができることとされました。

長期大規模工事とは、次の要件に該当するものをいいます。

① 工事の着手の日からその工事に係る契約において定められているその工事の目的物の引渡しの期日までの期間が2年以上であること。
② 請負の対価の額が50億円以上（ただし経過措置として、平成10年4月1日から平成13年3月31日までの間に締結した請負契約に係る工事については150億円以上、平成13年4月1日から平成16年3月31日までの間に締結した請負契約に係る工事については100億円以上とされている。）であること。
③ その請負を対価の額の2分の1以上がその工事の目的物の引渡しの期日から1年を経過する日後に支払われることが定められていないものであること。

工事進行規準を適用する工事について、例えば「工期〇年以上、かつ請負金額〇億円以上」等、企業の受注規模等の実態に合わせて、一定の合理的な基準として、工事進行基準の「適用基準」を設定することになります。

この「適用基準」は、重要な会計方針を構成し、これを変更した場合は、監査上会計処理基準の継続性に関する除外事項として取扱われます。

また、不確実な損益の計上を避けるため、契約により請負金額が確定している、工事損益を正確に予測できることが条件になっています。

重要な会計方針の注記

会社計算規則第132条第1項は、注記表に重要な会計方針を記載すべきことを規定しています。

　省令様式も同様に収益計上基準を注記表の重要な会計方針に記載することとし、かつ工事進行基準を採用している場合には、工事進行基準適用による完成工事高を、注記表に記載することとしています（省令様式第17号の2注記表注4(1)）。注記する金額には、完成引渡した事業年度に計上した完成工事高も含まれることに留意して下さい。

e　部分完成基準

　工事完成基準に類するものとして、税法の規定による部分完成基準があります。これには次の2つの場合があります。

① 　1つの契約により同種の建設工事等を多量に請け負ったような場合で、その引渡し量に従い工事代金を収入する旨の特約または慣習がある場合

② 　1個の建設工事等であっても、その建設工事等の一部が完成し、その完成した部分を引渡したつど、その割合に応じて工事代金を収入する旨の特約または慣習がある場合

　その工事の全部が完成しないときにおいても、その事業年度において引渡した部分に対応した工事収益を完成工事高に計上することとされています（法人税基本通達2－1－9）。

f　延払条件付請負工事

　法人税法による収益計上基準の1つとして延払基準があります。延払基準は、完成引渡した工事であっても延払条件付請負工事に該当する場合には、その全部または一部を完成工事高から除外し、次期以降に繰り延べる方法です（法人税法第63条、同施行令第124条、第125条参照）。

　これは、企業会計原則注解6の(4)にいう割賦販売基準に準ずるもので、工事代金の回収が相当長期間にわたるものについては、その工事代金の支払期限が到来した事業年度で収益を計上することを認めるものです。

　延払基準を採用した場合には、重要な会計方針としてその旨注記する必要があります。

g　内部利益の除去

　売上高および売上原価の計上にあたって、留意すべきものに内部利益の問題があります。企業会計原則損益計算書原則三のEでは、「同一企業の各経営部門の間における商品等の移転によって発生した内部利益は、売上高および売上原価を算定するにあたって除去しなければならない。」とし、注解11において「内部利益とは、原則として、本店・支店・事業部等の企業内部における独立した会計単位相互間の内部取引から生ずる未実現の利益をいう。したがって、会計単位内部における原材料、半製品等の振替えから生ずる振替損益は内部利益ではない。」としています。

　建設業では、機械修理工場、製材工場等の付帯業務（補助経営）を行うことがありますが、

① その業務の一部について、外部から注文を受けて多額の売上げがある場合は、この収益を工場原価への戻入れとして処理しないで、営業収益として売上高に計上し、兼業事業の場合に準じて処理します。

② 外部から注文を受けないでもっぱら内部生産に従事し、これを独立部門として経理して内部売上高を計上する場合は、その売上高を本支店の合併損益計算書において相殺消去し、原則として実際原価をもって他の部門へ振替えます。

③ 本社または支店（時には独立会計の現場）のなかで工場勘定を設けているような場合、その製品原価を振替えるときに、実際原価をそのつど算出することが困難な場合は、予定原価により振替えをし、決算時に算出された実際原価との差額は原価差額として取扱います。

(2) 完成工事原価

　完成工事高として計上したものに対応する工事原価を記載します。

　建設業では、個別原価計算を行い、工事原価は個々の契約ごとに集計します。したがって、完成引渡した個々の工事原価の合計額です。未成工事の原価は未成工事支出金として次期以降に繰り越します。

　工事進行基準を適用した工事の完成工事原価は、完成工事高に計上した期中出来高相当額に対応する工事原価で、当期に支出された未成工事支出

金から前渡金、未費消材料費等を控除し、施工済工事費の未払額を加算して算定します。

a　完成工事原価の見積計算

完成引渡した工事で、当該決算期において工事原価の全部または一部が確定しないときは、完成引渡した日を含む事業年度の末日の現況により、その金額を適正に見積計上します。この場合、金額確定により通常発生する増減差額は、確定の日を含む事業年度の完成工事原価に含めて記載します。

b　原価差額

原価の予定配賦を行っている場合において、実際原価と予定配賦額との差額の処理は、原価計算基準の規定に従い原則として全額発生期の完成工事原価に賦課します。ただし、予定配賦額が不適当であったため比較的多額の原価差額が発生した場合には、原則として個別工事ごとに配賦することとされていますが、実務では完成工事原価および未成工事支出金に一括配賦する次のような簡便法が採られています（法人税基本通達5―3―5）。

$$\begin{matrix}完成工事原価\\配\quad賦\quad額\end{matrix} = \left(\begin{matrix}当期発生\\原価差額\end{matrix} + \begin{matrix}前期繰越\\原価差額\end{matrix}\right) \times \frac{完成工事原価}{完成工事原価+期末未成工事支出金}$$

なお、前期繰越原価差額については、その全額を完成工事原価に配賦することもできます（法人税基本通達5―3―7）。

税法の取扱いは、原価差額が総製造費用の1/100以下であれば、これを調整しなくてもよいとされていますので（法人税基本通達5―3―3）、実務では、原価計算基準との関連から原価差額が税法の許容範囲内であれば、全額発生期の完成工事原価に賦課してよいと考えられます。

(3) 完成工事総利益（または完成工事総損失）

完成工事高から完成工事原価を控除した額を記載します。

```
            完成工事高
       (－) 完成工事原価
       ─────────────
       完成工事総利益（または完成工事総損失）
```

(4) 販売費及び一般管理費

　販売費及び一般管理費は、本店、支店および支店に準ずる営業所等の管理部門、営業部門等において発生した費用で、工事収益と個別的対応関係がない経常的、期間的に発生する営業費用です。全般的な工事受注の費用はこれに含めますが、特命工事および受注決定後の指名工事にかかる費用は工事原価として処理します。

　国土交通省令様式では次に示す細分科目が定められていますが、会社法上作成する損益計算書については、会計計算規則第146条第4項により販売費及び一般管理費の科目を細分する科目の記載は省略することができます。

販売費及び一般管理費科目
役　員　報　酬
従業員給料手当
退　　職　　金
法　定　福　利　費
福　利　厚　生　費
修　繕　維　持　費
事　務　用　品　費
通　信　交　通　費
動力用水光熱費
調　査　研　究　費
広　告　宣　伝　費
貸倒引当金繰入額
貸　倒　損　失
交　　際　　費
寄　　付　　金
地　代　家　賃
減　価　償　却　費
開　発　費　償　却
租　税　公　課
保　　険　　料
雑　　　　費

　役員報酬

　株主総会または定款で決められた限度内の取締役、執行役、会計参与、

監査役に対する報酬を記載します。なお、役員賞与引当金繰入額を含みます。

使用人兼務役員の従業員相当分はこれから除いて、従業員給料手当に記載します。

従業員給料手当

本店および支店の従業員等に対する給料、諸手当、賞与および雑給与を記載します。

給料は、従業員に対する基準給。

諸手当は、従業員に対する基準外賃金で役付手当、超過勤務手当、宿日直手当、住宅手当など。

賞与は、定時、臨時の賞与、賞与引当金繰入額および同超過支払額。

雑給与は、臨時雇員、パート等に対する賃金、賞与、退職金のほか、休職者に対する見舞金など。

退職金

役員および従業員に対する退職金ならびに適格退職年金、退職金共済契約に基づく掛金を記載します。ただし、退職給付に係る会計基準を適用する場合には、退職金以外の退職給付費用等の適当な科目により記載することになります。いずれの場合においても異常なものは除きます。

退職給付費用

当期の勤務費用および利息費用ならびに過去勤務債務および退職給与債務の数理計算上の差異に係る費用処理額をいいます。

なお、退職給付の重要性が乏しい小規模企業等については、期末退職給付要支給額を用いた見積計算を行う等、簡便な方法を用いて退職給付費用を計算することも認められています。

工事原価に算入すべきものはこの科目から除きますが、退職給与費用等および役員退職金は全額ここに含めることもできます。

法定福利費

健康保険料、厚生年金保険料、労働保険料等の事業主負担額および児童手当拠出金などを記載します。

福利厚生費

厚生費および福利施設費などを記載します。

厚生費は、慰安・娯楽として文化部・運動部・レクリエーション費用補助、貸与作業服、医療費、健康診断費、食費補助、食堂炊事用品、その他備品代、従業員に対する慶弔見舞金、表彰金など。

福利施設費は、寮・社宅などの厚生施設の維持管理費、修繕費、少額備品代など。

修繕維持費

本支店等の建物・構築物・機械・運搬具等の修繕維持費および借上事務所・社宅等の修繕維持費で会社負担のものならびに倉庫物品の管理費などを記載します。

事務用品費

事務用消耗品費、固定資産に計上しない事務用備品費および図書費などを記載します。

事務用消耗品費は、帳簿、用紙類の購入費、印刷費、コピー費など。

事務用備品費は、机、椅子、書庫、ワープロ、電算機等の10万円未満の少額備品などの購入費。

図書費は、新聞、雑誌、参考図書などの購入費。

通信交通費

通信費、交通費および旅費を記載します。

通信費は、郵便、電信、電話の料金およびこれに付帯する費用。ただし、

電信電話専用施設利用権および電話加入権として無形固定資産に計上すべきものは除きます。

交通費は、ハイヤー代、タクシー代、自家用乗用車のガソリン代・駐車料・通行料、電車・バス代、通勤定期券代など。

旅費は、国内・海外出張旅費、赴任旅費、引越運賃など。

動力用水光熱費

電力・電灯料、水道料、ガス代、灯油代など冷暖房費、少額冷暖房用機器の購入代および賃借ビルの空調費などを記載します。

調査研究費

技術研究、開発等の研究費および調査費を記載します。

研究費は、技術開発研究のための材料・消耗工具、外注費、委託料、提携費、会費、図書購入代、研究報告資料代など。特許権等工業所有権として無形固定資産に計上するものは除きます。

調査費は、市場調査費、信用調査料など。開発費として繰延資産に計上するものは除きます。

広告宣伝費

広告料、宣伝費および公告料を記載します。

広告料は、新聞・雑誌・ラジオ・テレビ等の掲載料、放映料、屋外広告料など。

宣伝費は、宣伝用雑誌・社内報・社外報・パンフレット・カレンダー・手帳・写真・テレホンカードなどの作成費、宣伝用映画・スライドプリント代、展示会費など。

公告料は、営業経歴書などの印刷代、株主名簿書換停止・定時株主総会召集通知・決算公告などの公告料。

貸倒引当金繰入額

　営業取引に基づいて発生した受取手形、完成工事未収入金等の債権に対する貸倒引当金繰入額を記載します。
　異常なものは営業外費用に記載します。
　平成10年度の税制改正により、法定繰入率が廃止されるとともに、債権償却特別勘定の取扱いが貸倒引当金に含められ、貸倒引当金の繰入限度額の計算が、期末金銭債権を個別に評価する債権とその他の一括して評価する債権（一般売掛債権等）とに区分して計算し、両者の合計額が繰入限度額とされました。

貸倒損失

　営業取引に基づいて発生した受取手形、完成工事未収入金等の債権に対する貸倒損失を記載します。
　異常なものは営業外費用に記載します。

交際費

　接待費・贈呈費、慶弔費、クラブ会費、その他交際費を記載します。
　接待費は、得意先・来客接待費、同業者懇親会費、ゴルフ接待費など。贈呈費は、中元・歳暮品代、祝品代、見舞品代、供花代など。慶弔費は、各種社外祝金、見舞金、餞別、香典など。クラブ会費は、ゴルフクラブ会費、ロータリーその他社交クラブ会費など。
　税法は、課税所得の計算にあたり、交際費は原則として、その全額が損金不算入とされていますが、平成15年4月1日以降資本金1億円以下の会社は400万円の定額控除限度額については10％相当額は損金算入されません（措法第61条の4）。また、一定の条件のもとに、5,000円以下飲食費の損金算入制度が平成18年度の税制改正で創設されました。
（注）**使途秘匿金**　平成6年度の税制改正で、法人が使途秘匿金の支出をした場合には、通常の法人税のほかに、その使途秘匿金の支出額の40％に相当する法

人税が追加課税されることになりました。使途秘匿金とは、法人がした金銭の支出のうち、相当の理由がなく、その相手方の氏名または名称および住所または所在地ならびにその事由を帳簿書類に記載していないものをいいます（措法第62条）。

寄付金

拠出金、見舞金など金銭、物品および経済的な利益の贈与に要する費用で、国、地方公共団体に対するものおよび財務大臣の指定した損金算入のもの、特定公益増進法人に対するものならびに社会福祉団体に対するものを記載します。

税法は、課税所得の計算にあたり一定の限度を超える金額は損金とされません。国や地方公共団体に対する寄付金、財務大臣の指定した寄付金（指定寄付金）は、全額損金に認められます。公益の増進に著しく寄与する法人に対する寄付金（特定公益増進法人および認定特定非営利活動法人寄付金）およびその他の寄付金は一定の限度額（資本等の金額×0.25％と所得の金額×2.5％の合計額の1/2とその金額と特定公益増進法人等寄付金の額とのうちいずれか少ない金額の合計額）が設けられており、これを超える金額は損金に算入されません。

地代家賃

本支店等の事務所、寮、社宅などの借地料および借家料を記載します。

減価償却費

本支店等で使用する固定資産のうち、建物等の減価償却資産の各勘定に対し税法の規定に基づいて計算した当期減価償却実施額を記載します。

租税特別措置法の規定により計算した特別減価償却額のうち、新築貸家住宅の割増償却はここに含めますが、中小企業者等の機械の特別償却などは、株主資本等変動計算書の特別減価償却準備金積立額に記載します（③固定資産の減価償却(d)特別償却を参照して下さい。）。

開発費償却

繰延資産に計上した新技術または新経営組織の採用、資源の開発、市場の開拓のために特別に支出した費用の当期償却額を記載します。

なお、支出時の期間費用とする場合は調査研究費になります。

租税公課

諸税、損金不算入税および公課を記載します。

諸税は、事業税（利益に関連する金額を課税標準として課されるものを除く。）、事業所税、不動産取得税、固定資産税、都市計画税、特別土地保有税、自動車税、印紙税、消費税等、延納による利子税・延滞金など。ただし、「法人税、住民税及び事業税」科目に属するものは除きます。

損金不算入税は、国税の延滞税、各種加算税、地方税の延滞金、各種加算金および罰科金等税務計算上損金に算入されない租税。

公課は、道路占用料、身体障害者雇用納付金など。

保険料

火災保険料、事故、盗難、自動車、運送などの損害保険料を記載します。

雑費

電算等経費、会費、会合費、諸手数料、その他前記いずれの科目にも属さない販売費及び一般管理費を記載します。

電算等経費は、電算機等（端末機、ＯＡ機器、ワープロ等）の賃借料および修繕維持費、電算業務外注費、電算機等消耗品費、社内電算機使用料（事務および技術計算）など。

会費は、諸団体、組合、協会等に対する会費。

会合費は、通常の会議、各種打合せに要する借室料、喫茶・食事代など。

諸手数料は、会計士、税理士、弁護士等の報酬・謝礼、業務委託費、送金手数料等の各種手数料、不動産鑑定料、翻訳料など。

その他は、残業食事代（福利厚生費で処理する例もある。）、日用品代、警備保障費、社員等選考費など。

前掲のいずれの科目にも属さないものを含めますが、雑費のうち退職給付引当金繰入額など販売費及び一般管理費の総額の1/10を超えるものについては、それぞれ当該費用を明示する科目をもって区分掲記します（記載要領6）。

(5) **営業利益（または営業損失）**

完成工事総利益から販売費及び一般管理費を控除した額を記載します。

2　営業外収益および営業外費用

(1) **営業外収益**

営業活動以外の原因によって生ずる収益を営業外収益といい、これには余裕資金を外部に投資したり、資産を外部に貸付けたりすることにより発生する収益のほか、為替差益などのような会社の外部要因により発生する経常的利益があります。

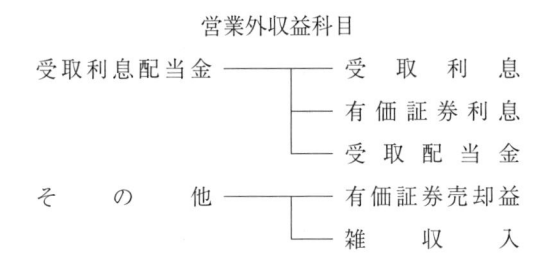

```
                営業外収益科目
    受取利息配当金 ─┬─ 受 取 利 息
                    ├─ 有価証券利息
                    └─ 受 取 配 当 金
    そ の 他     ─┬─ 有価証券売却益
                    └─ 雑 収 入
```

|受取利息配当金|

国土交通省令様式では、受取利息、有価証券利息および受取配当金を一括して金融収益を意味する科目として表示します。

　受取利息

預貯金の利息、貸付金利息、工事立替金利息などを記載します。

受取利息については、期末に発生主義によって未収となっているものは未収収益に、前払いとなっているものは前払収益に計上しなければなりま

せんが、金額的に重要でない場合にはこの経過勘定項目を設けないことができます（企業会計原則注解1）。

　税法の取扱いも、発生主義による計上を原則としますが、1年以内の一定の期間ごとに到来するものの額について、継続してその支払期日の属する事業年度の益金の額に算入している場合は、その処理が認められます。ただし、貸付金と借入金とが紐付きのものは除かれます（法人税通達2―1―24）。

　なお、利息の受取時に源泉所得税および都道府県民税利子割が徴収されますが、この源泉所得税等は法人税、住民税の前払いとして法人税、住民税から控除することができます。

有価証券利息
　社債、国債などの受取利息、貸付信託の収益金などを記載します。

受取配当金
　株式利益配当金、出資配当金、投資信託収益分配金、みなし配当金などを記載します。

　受取配当金の計上時期は、当該株式の発行会社の株主総会において、配当決議のあった日です。なお、少額の受取配当金については、重要性の原則によって、配当金を収受した日に計上することが認められます（企業会計原則注解1）。

　税法の取扱いも、通常の配当支払期間内にその支払いを受けるものについては、継続して現金基準で計上する方法も認めています（法人税基本通達2―1―28）。

　受取配当金についても受取利息と同様に源泉所得税が徴収されます。また税法上、法人間の二重課税を排除するために、受取配当の益金不算入の規定が設けられています。

その他
　国土交通省令様式では、有価証券売却益、雑収入を一括して表示しますが、営業外収益の総額の1/10を超えるものについては、それぞれ当該収

益を明示する科目をもって区分掲記します（記載要領7）。

有価証券売却益

売買目的の市場価格のある株式（親会社株式を含む。）、公社債等の有価証券を帳簿価額より高く譲渡したことによる売却益を記載します。

流動資産に属する有価証券の売却益は原則として営業外収益に、関係会社株式、投資有価証券等固定資産に属するものの売却益は特別利益に記載します。

雑収入

材料貯蔵品売却益、地代家賃収入等の前掲のいずれの科目にも属さない営業外収益を記載します。

なお、特別利益に属する投資有価証券売却益、固定資産売却益、償却済債権取立額等の金額が僅少である場合には、この雑収入に含めることもできます。

(2) 営業外費用

営業活動以外の原因によって生ずる費用を営業外費用といい、外部から借入れた資金利息、有価証券の売却損、あるいは経営外的要因により生ずる費用として所有資産の価値下落にともなう評価損などがあります。

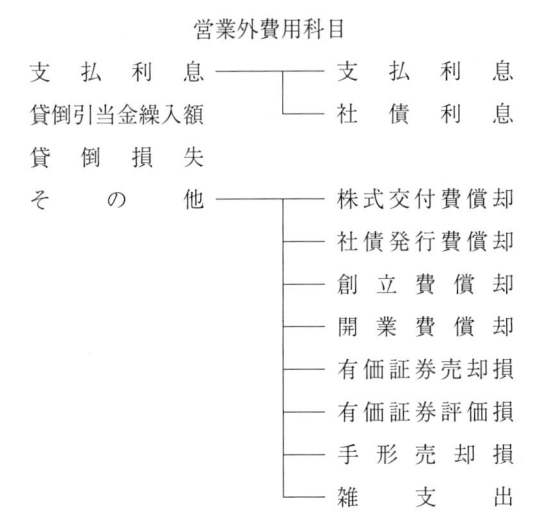

```
              営業外費用科目
支 払 利 息 ─┬─ 支 払 利 息
貸倒引当金繰入額 ─┴─ 社 債 利 息
貸 倒 損 失
そ  の  他 ─┬─ 株式交付費償却
            ├─ 社債発行費償却
            ├─ 創 立 費 償 却
            ├─ 開 業 費 償 却
            ├─ 有価証券売却損
            ├─ 有価証券評価損
            ├─ 手 形 売 却 損
            └─ 雑  支  出
```

支払利息

　国土交通省令様式では、支払利息および社債利息を一括して金融費用を意味する科目として表示します。

支払利息

　銀行その他からの借入金等に対する支払利息ならびに売上割引料を記載します。なお、受取手形割引料は手形売却損として雑支出で処理します。

　支払利息については、期末に前払いとなっているものは前払費用に、未払いとなっているものは未払費用に計上しなければなりませんが、金額的に重要でない場合にはこの経過勘定項目を設けないことができます（企業会計原則注解1）。

前受金保証料

　公共工事等の受注にあたり、前受金を受領するために保証会社等に対して支払う保証料については、工事受注に関連して支出する直接経費であるとして工事原価に算入する場合と、その性質は前受金を受領するための一種の金融費用とみることができることから営業外費用として処理する場合の2通りの処理が実務上行われています。税法もこの2通りの処理を認めています（法人通達2−2−5）。

社債利息

　自社の発行した社債、および新株予約権付社債の支払利息を記載します。

　社債利息は、支払利息と同様に、社債発行により調達した資金に対する財務費用で、通常年2回、社債券に付された利札と引換えに支払われます。

貸倒引当金繰入額

　営業取引以外の取引に基づいて発生した貸付金等の債権に対する貸倒引当金繰入額および異常な営業債権貸倒引当金繰入額を記載します。ただし、異常な営業外債権貸倒引当金繰入額は特別損失に記載します。

貸倒損失

営業取引以外の取引に基づいて発生した貸付金等の債権に対する貸倒損失および異常な営業債権貸倒損失を記載します。ただし、異常な営業外債権貸倒損失は、特別損失に記載します。

その他

国土交通省令様式では、社債発行差金償却から雑支出までの9科目を一括して表示しますが、営業外費用の総額の1/10を超えるものについては、それぞれ当該費用を明示する科目をもって区分掲記します（様式第16号記載要領7）。

株式交付費償却、社債発行費償却、創立費償却、開業費償却の4科目は、ごく稀にしか発生しないもので、また、貸倒引当金繰入額、貸倒損失、有価証券売却損、有価証券評価損の4科目は、通常、金額の重要性が乏しいことから一括表示されています。

社債発行費償却および株式交付費償却

繰延資産に計上した社債発行費および株式交付費の当期償却額を記載します。

創立費償却および開業費償却

繰延資産に計上した創立費および開業費の当期償却額を記載します。

有価証券売却損

市場価格のある株式、社債、公債等で時価の変動により利益を得る目的で保有するものを帳簿価額より低い価格で譲渡したことによる売却損を記載します。

有価証券評価損

会社法上の強制低価法（会社計算規則第5条第3項第1号）および低価法（同条第6項第1号）を採用している場合に、時価を付したことにより生ずる有価証券の評価損を記載します。

原則として、流動資産に属する有価証券の評価損は営業外費用に、投資

その他の資産に属する有価証券の評価損は特別損失に記載します。

なお、投資その他の資産に属する有価証券でも、市場価格のある有価証券の低価法による評価損は、その発生原因が当期に属し前期以前のものは含まないことから、営業外費用に記載する考え方が有力です。

　a　強制低価法

市場価格のある有価証券について、評価基準として原価法を採用している場合、時価が著しく低下しその価格が取得価額まで回復すると認められないときは、時価まで評価減を行います。

関係会社株式、市場価格のない有価証券および有限会社の社員持分その他出資による持分について、その発行会社の資産状態が著しく悪化したときは評価減を行います。

なお、市場価格のない社債については、取立不能見込額を計上します。

　b　低価法

市場価格のある有価証券については、評価基準として低価法を採用することができますが、関係会社株式については、上場株式であっても低価法は適用できません。

また、持株比率が50％以下の関連会社のうち、税法で規定する企業支配株式（発行済株式の25％以上保有）については、上場株式であっても、税法上低価法は適用できません。

なお、低価法には、洗替え法と切放し法とがありますが、平成10年度の税制改正により切放し法が廃止されました。

　c　手形売却損

受取手形の割引による入金額または裏書による決済額から保証債務の時価相当額を差し引いた譲渡金額から、譲渡原価である帳簿価額を差し引いた金額を記載します。

　d　雑支出

材料貯蔵品売却損、材料貯蔵品たな卸損、材料貯蔵品評価損、受取手形売却損等前記いずれの科目にも属さない営業外費用を記載します。

なお、社債発行費、株式交付費、有価証券売却損、有価証券評価損、固

定資産売却損、固定資産廃却損等の金額が僅少である場合にはこの雑支出に含めることもできます。

(3) **経常利益（または経常損失）**

営業利益（または営業損失）に営業外収益を加えて、これから営業外費用を控除した額を記載します。

営業利益（または営業損失）
(+)　営業外収益
(−)　営業外費用
　　　　　―――――――――
経常利益（または経常損失）

3 特別利益および特別損失

企業会計原則では、特別損益は前期損益修正益、固定資産売却益等の特別利益と前期損益修正損、固定資産売却損、災害による損失等の特別損失とに区分して表示することとし（損益計算書原則六）、注解12に特別損益に属する項目として次のものをあげています。

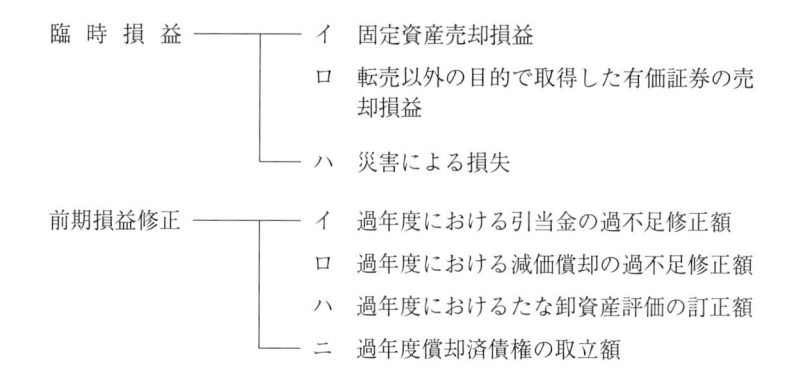

臨　時　損　益 ─┬─ イ　固定資産売却損益
　　　　　　　　├─ ロ　転売以外の目的で取得した有価証券の売却損益
　　　　　　　　└─ ハ　災害による損失

前期損益修正 ─┬─ イ　過年度における引当金の過不足修正額
　　　　　　　├─ ロ　過年度における減価償却の過不足修正額
　　　　　　　├─ ハ　過年度におけるたな卸資産評価の訂正額
　　　　　　　└─ ニ　過年度償却済債権の取立額

なお、特別損益に属する項目であっても、金額の僅少なものまたは毎期経常的に発生するものは、経常損益計算に含めることができます。

(1) 特別利益

特別利益科目
前期損益修正益
その他 ─┬─ 固定資産売却益
　　　　 └─ そ　の　他

前期損益修正益

　前期以前に計上された損益の修正による利益、償却済債権取立額、減価償却累計額修正益、貸倒引当金戻入額、有価証券評価損戻入益等を記載します。

　また、負債の部に計上された引当金の会計事象の変化にともなう金額の変更および見積過大による引当金の取崩し等の引当金の目的外取崩益は前期損益修正益に含めます。

　ただし、「前期損益修正益」の金額が僅少なものまたは毎期経常的に発生するものは、経常損益の部に含めることができます。

その他

　固定資産売却益、その他で金額が僅少でないものは、当該利益を明示する科目をもって区分掲記します（記載要領9）。特別利益の科目の掲記が「その他」のみである場合は、科目の記載を要しません（記載要領10）。

固定資産売却益

　土地、建物等の固定資産を売却したことにより生ずる利益で、金額も大きく、臨時的に発生するものです。固定資産の売却にともなう斡旋手数料等の諸費用は売却益から控除して、その控除後の金額をもって固定資産売却益とするのが一般的です。

　なお、固定資産売却益のうち、毎期経常的に発生する移動性仮設建物などの仮設機材や工事機械等にかかるものは、補助部門勘定（運営勘定）を設けている場合には、これを補助部門勘定の雑収入に含めます。

車両運搬具、備品等にかかる少額な売却益は営業外収益の雑収入に含めることができます。

その他

偶発的、臨時的に発生する異常な原因による利益で、投資有価証券の売却益、財産受贈益等異常な利益について、当該項目を示す名称を付して記載します。

なお、企業が受け入れた国庫補助金、保険差益等は、企業会計原則注解24で圧縮記帳を認めており、税法は*圧縮記帳のほか特別償却と同様、積立金方式による税務上の*申告調整も認めています。

したがって、実務においては、国庫補助金等を受け入れたときは特別利益に処理し、当該固定資産の圧縮損を特別損失に計上して取得原価を減額する圧縮記帳によっています。

(2) **特別損失**

特別損失科目

前期損益修正損
その他 ─┬─ 固定資産売却損
　　　　 └─ その他

|前期損益修正損|

前期以前に計上された損益の修正による損失、貸倒引当金、完成工事補

---

*圧縮記帳
　国庫補助金等で取得した資産、買換えまたは交換により取得した資産の帳簿価額を、その受贈益または譲渡益相当額だけ減額(圧縮)して損金に計上することにより、実質的にその受贈益または譲渡益と相殺され、その段階では課税所得が生じないようにすること。

*申告調整
　税務申告の際「別表四」において加算、減算の調整を行うこと。減算を行うものとしては、受取配当金、欠損金の繰戻しによる還付金など。また加算を行うものには、法人税、法人住民税等損金に算入されない租税公課、寄付金、交際費等の損金不算入額等があり、引当金等でも税法上の限度額を超えるものはこれに含まれます。

償引当金の引当不足額等を記載します。

ただし、金額の僅少なものまたは毎期経常的に発生するものは経常損益の部に含めることができますので、完成工事未収入金計上超過額、完成工事未払金計上不足額および未収入金計上超過額は前述の前期損益修正益の処理と同様、それぞれ完成工事高または完成工事原価に含めます。

その他

固定資産売却損、その他で金額が僅少でないものは、当該損失を明示する科目をもって区分掲記します（記載要領11準用規定）。

特別損失の科目の掲記が「その他」のみである場合は、科目の記載を要しません（記載要領11準用規定）。

固定資産売却損

自動車等の固定資産をその取得価額から減価償却累計額を差引いた未償却残高より低い価額で売却したことにより生ずる損失を記載します。

なお、固定資産売却損および除却損のうち、毎期経常的に発生する移動性仮設建物などの仮設機材および工事機械等にかかるものは、補助部門勘定（運営勘定）を設けている場合には、補助部門勘定の雑支出に含めます。

車両運搬具および備品等にかかる少額な売却損および除却損は営業外費用の雑支出に含めることができます。

その他

偶発的、臨時的に発生する異常な原因による損失で、長期保有の有価証券の売却損、災害損失、固定資産圧縮記帳損、異常な原因によるたな卸資産評価損、損害賠償金等当該項目を示す名称を付して記載します。

4 税金費用

経常損益に特別損益を加減した額を税引前当期純利益または税引前当期純損失として記載して、税引前当期純利益から法人税その他の税を控除した額は、当期純利益として記載します。

この税引前当期純利益から控除する法人税その他の税は、法人税および

法人税に準ずる性質のもの、すなわち利益に課せられる租税で都道府県民税・市町村民税（住民税）が含まれることになります。

事業税は、従来、販売費及び一般管理費の中の「租税公課」に含めて記載することとされていましたが、平成11年3月建設業法施行規則の改正により、事業税のうち利益に関連する金額を課税標準として課されるものは「税引前当期利益」の控除項目として「法人税、住民税及び事業税」に含めて記載することとされました。

法人税法上の税額控除の適用を受ける受取利息および受取配当金の源泉所得税および外国法人税等は、法人税、住民税および事業税に含めます。また、源泉徴収されている地方税利子割についても、法人都道府県民税の前払いとして同様の取扱いとなります。

法人税等の追徴税額等については、企業会計原則注解13に当期の負担に属する法人税額等とは区別することを原則としますが、重要性の乏しい場合には、当期の負担に属するものに含めて表示することができます。

(1) **税引前当期純利益（または税引前当期純損失）**

経常利益（または経常損失）に特別利益および特別損失を加減した額を記載します。

```
            経常利益（または経常損失）
    (+)   特別利益
    (-)   特別損失
    ─────────────────
            税引前当期純利益（または税引前当期純損失）
```

(2) **法人税、住民税および事業税**

当該営業年度に係る法人税等（法人税、住民税および利益に関連する金額を課税標準として課される事業税をいいます。）の額ならびに法人税等の更正、決定等による追徴納付税額および還付額を記載します。

(3) **法人税等調整額**

税効果会計の適用により計上される法人税、住民税および利益に関連する金額を課税標準として課される事業税の調整額を記載します。

なお、税効果会計を適用する最初の営業年度については、その期首に繰延税金資産に記載すべき金額と繰延税金負債に記載すべき金額とがある場合には、その差額を「過年度税効果調整額」として「前期繰越利益（前期繰越損失）」の次に記載し、当該差額は「法人税等調整額」には含めない（記載要領13）とされています。

(4) 当期純利益（または当期純損失）

税引前当期純利益（または税引前当期純損失）から法人税、住民税および事業税および法人税等調整額を控除した額を記載します。

　　　　　　　　　　税引前当期純利益
　　　　　　　(−)　法人税、住民税及び事業税
　　　　　　　(±)　法人税等調整額
　　　　　　　　　 ────────────
　　　　　　　　　　当期純利益

5　完成工事原価報告書

工事原価計算の結果は、内部および外部への報告目的のために、「完成工事原価報告書」としてまとめられます。

個別工事の完成工事原価計算書および本社管理部門に一括計上された完成工事原価、たとえば、賞与、退職金、仮設機材、工事機械等の部門費原価差額等の完成工事原価負担額、過年度完成工事原価修正額などを資料として、内部管理用・外部報告用の総合完成工事原価計算書が作成されます。

国土交通省令様式に準拠した完成工事原価報告書は、内部管理用・外部報告用の総合完成工事原価計算書に基づいて作成されますが、その様式は次のとおりです。

完成工事原価報告書

自 平成　　年　　月　　日
至 平成　　年　　月　　日

（会社名）

Ⅰ．材　料　費　　　　　　　　　　×××　千円
Ⅱ．労　務　費　　　　　　　　　　×××
　　（うち労務外注費　　　　××）
Ⅲ．外　注　費　　　　　　　　　　×××
Ⅳ．経　　　費　　　　　　　　　　×××
　　（うち人件費　　　　　　××）　_____
　　完成工事原価　　　　　　　　××××

　材料費、労務費、外注費および経費には、総合完成工事原価計算書上のそれぞれの合計金額を記載します。
　なお、次の*組替えは、総合完成工事原価計算書の作成にあたって、すべて完了しているものとします。
　① 工種別原価計算方式を採用している場合の材料、労務、外注、経費の原価要素別方式への組替え
　② 仮設に使用した損耗材料等の費用を経費（仮設経費、運搬費）で処理している場合の材料費等への振替え
　③ 外注費のうち大部分が労務賃金で占めているものを労務費に含めて表示しようとする場合の、外注費から労務費への組替え

|材料費|

　材料費とは、工事のために直接購入した素材、半製品、製品および材料貯蔵品勘定等から振替えられたものをいいます。
　材料の価額は、素材、半製品、製品等の購入原価に現場に搬入するまでの諸掛（買入手数料、取引運賃、荷役費、保険料、関税等の購入に付随し

＊組替え
　貸借対照表または損益計算書集計表上での振替えをいいます。

た費用）を含めた額とし、自営工場の製造加工にかかる材料の価額は、その素材原価に製造費、加工費を賦課した額とします。

　材料貯蔵品勘定等からの振替材料等の現場搬入までの運搬費も材料費に含めます。ただし、その費用が少額なものおよび工事機械と混載される場合等その分離把握が困難なものは経費とします。

　仮設材料、移動性仮設建物等の社内使用料または外部より借り入れた仮設材等の賃借料およびこれらの維持修繕材料も材料費とします。

　材料費として工事原価に算入した材料のうち未費消のものや仮設材の残存部分に対応する原価を、材料費の戻入れ（材料貯蔵品の計上）として処理します。

　なお、材料費のうち関係会社からの仕入高については、それぞれその金額を抽出できるようにしておく必要があります。

労務費

　労務費とは、工事に従事した直接雇用の作業員に対する賃金、給料手当等および工種・工程別等の工事の完成を約する契約による支払額であって、その大部分が労務費であるものをいいます。ただし、労務外注費の内書表示が必要です。

　工事に直接従事して作業を行う直傭作業員に対する賃金、給料手当等（現物給与を含む。）を労務費とし、工事現場における管理業務に従事する技術、事務職員の給料手当等は経費として処理します。

　労務費は、本来直傭作業員に対する賃金、給料手当等をいいますが、業界の実情を考慮して国土交通省令様式の勘定科目の分類では「工種・工程別等の工事の完成を約する契約でその大部分が労務費であるものに基づく支払額は、労務費に含めて記載することができる。」とされています。ただし、外注契約によるものを労務費に含めた場合には、これらの支払額を区分集計した上で、労務外注費として、完成工事原価報告書の表示にあたって内書表示をします。

　なお、労務費とするか、外注費とするかについては、企業として一定の

基準を設け継続して処理すべきでしょう。

外注費

　外注費とは、工種・工程別等の工事について素材、半製品、製品等を作業とともに提供し、これを完成することを約する契約に基づく支払額をいいます。ただし、労務費に含めたものを除きます。

　外注費は、いわゆる下請契約支払額ですが、このうち契約内容の大部分が労務費であるものは、完成工事原価報告書の表示にあたって労務費に含めることができるので、労務費に含めたものは外注費から除くこととなります。

　なお、外注費のうち子会社、支配株主との契約分については、それぞれその金額を抽出できるようにしておく必要があります。

経　費

　経費は、工事について発生しまたは負担すべき材料費、労務費および外注費以外の次の費用をいいます。

　　　　　　　　（仮　設　経　費）
　　　　　　　　動 力 用 水 光 熱 費
　　　　　　　　（運　　搬　　費）
　　　　　　　　機　械　等　経　費
　　　　　　　　設　　計　　費
　　　　　　　　労　務　管　理　費
　　　　　　　　租　税　公　課
　　　　　　　　地　代　家　賃
　　　　　　　　保　　険　　料
　　　　　　　　従 業 員 給 料 手 当
　　　　　　　　退　　職　　金
　　　　　　　　法　定　福　利　費
　　　　　　　　福　利　厚　生　費
　　　　　　　　事　務　用　品　費
　　　　　　　　通　信　交　通　費
　　　　　　　　交　　際　　費
　　　　　　　　補　　償　　費
　　　　　　　　雑　　　　　費
　　　　　　　　出張所等経費配賦額

国土交通省令様式の完成工事原価報告書は、経費は総額で記載して「うち人件費（従業員給料手当、退職金、法定福利費および福利厚生費の合計）」を内書き表示することになっていますが、勘定科目の分類に、その細目が例示されています。

　日常は、国土交通省令様式の勘定科目の分類の例示に従って細目に区分して処理することになります。

　仮設経費と運搬費をカッコ書したのは、表示にあたって材料費に組替えますが、内部処理としてこれらの科目を設けた方が処理しやすい場合もあるからです。

　また「出張所等経費配賦額」とは、複数工事を管轄する出張所等で発生した経費を個別工事ごとに適正に計算した配分額を負担させる場合の科目です。

　なお、経費のうち賞与、退職金や機材部門費などの原価差額を共通費として一括把握している場合は、完成工事原価対応分を個別工事原価に配賦しないで完成工事原価に一括配賦することもできます。

履行保証費用

　公共工事の受注にあたり、契約の保証として、履行保証制度が採り入れられており、金融機関、前払保証会社、損害保険会社（履行保証保険もしくは付保割合の高い履行保証証券）の金銭的保証、または、損害保険会社（付保割合の高い履行保証証券）の役務的保証のいずれかが選択されます。この履行保証に要する費用については、経費の保険料または雑費で処理します。

　国土交通省告示・勘定科目分類では、従業員給料手当、退職金、法定福利費および福利厚生費の合計額を人件費の総額としていますが、厳密にはこのほかに機械等経費、設計費、出張所等経費配賦額等の複合費中に含まれる人件費相当額をも考慮に入れる必要があるように思われます。

　経費の標準的な細目区分を例示すると、次表のとおりです。

経費標準勘定科目・細目一覧表

標準勘定科目	細 目	摘 要
（仮設経費） （表示にあたっては材料費に組替えられる）	仮設材賃借料 仮設損料 仮設工具等修繕費 仮設損耗費 そ の 他	外部から借入れた仮設材料等の賃借料 仮設工具、移動性仮設建物などの社内使用料 仮設工具、移動性仮設建物の修繕のため支出した費用で、仮設材賃借料、仮設損料などに含まれないもの。 仮設に使用した損耗材料等の費用
動力用水光熱費		電力・石油等の動力費、水道等の用水費・ガス・電灯等の光熱費
（運　搬　費） （表示にあたっては材料費に組替えられる）		運搬に要する費用。ただし材料費・機械等経費に算入されたものを除く。
機 械 等 経 費	機械等賃借料 機械等損料 機械等修繕費 機械等運搬費 そ の 他	外部から借入れた機械装置等の賃借料 機械装置等の社内使用料 社内損料制度を採用していない場合には、機械等減価償却費（機械等損耗額）配賦額、機械等修繕費配賦額等の費目で処理する。 機械等の修繕のために支出した費用で、機械等賃借料、機械等損料に含まれないもの。 機械等を運搬するために要する費用及び支払運賃 機械部門に発生した原価差額の調整額等
設　計　費 労 務 管 理 費		外注設計料及び社内の設計費負担額 現場労働者及び現場雇用労働者の労務管理に要する費用 ・募集及び解散に要する費用 ・慰安、娯楽及び厚生に要する費用 ・純工事費に含まれない作業用具及び作業被服等の費用 ・賃金以外の食事、通勤費等に要する費用 ・安全、衛生に要する費用及び研修訓練等に要する費用 ・労災保険法による給付以外に災害時に事業主が負担する費用

標準勘定科目	細目	摘要
租税公課		工事契約書等の印紙代、申請書・謄抄本登記等の証紙代、固定資産税・自動車税等の租税公課、諸官公署手続き費用
地代家賃		事務所・倉庫・宿舎等の借地借家料
保険料		火災保険、工事保険、自動車保険、組立保険、賠償責任保険及び法定外の労災保険の保険料
従業員給料手当	給料手当	現場従業員及び現場雇用労働者の給与諸手当（交通費、住宅手当等）及び賞与
	賞与	
退職金	退職金	現場従業員に対する退職金（退職年金掛金を含む。）但し、異常なものを除く。
	退職給付費用	現場従業員の退職給付引当金繰入相当額
法定福利費		現場従業員、現場労働者及び現場雇用労働者に関する労災保険料、雇用保険料、健康保険料及び厚生年金保険料の事業主負担額並びに建設業退職金共済制度に基づく事業主負担額
福利厚生費	厚生費	現場従業員に対する慰安・娯楽その他厚生費及び貸与被服・健康診断・医療・慶弔見舞等に要する費用
	福利施設費	現場従業員が使用する社宅・寮等厚生施設の維持管理に要する費用
事務用品費	事務用消耗品費	帳簿・用紙類・消耗品の購入代
	事務用備品費	机・椅子・書庫等の購入費用で固定資産に計上されないもの、ＯＡ機器・複写機等のリース・レンタル費
	図書その他	新聞・参考図書・雑誌等の購入費、工事に関する青写真・竣工写真等の費用
通信交通費	通信費	郵便・電話・送金・通信回線の料金
	交通費	出張旅費・転勤旅費・小荷物運賃・通勤定期券代・自家用乗用車の社内使用料・燃料代・修繕費及びタクシー使用料
交際費		得意先・来客等の接待費、慶弔見舞、中元歳暮等の贈答品費等
補償費	補償費	工事施工に伴って通常発生する騒音、振動、濁水、工事用車両の通行等に対して、近隣の第三者に支払われる補償費。ただし、電波障害等に関する補償費を除く。
	完成工事補償引当金繰入額	

標準勘定科目	細　　　目	摘　　　　要
雑　　　費	会　議　費 諸　会　費 雑　　　費	各種打合せに要する費用 諸団体等に対する会費 上記のいずれの科目にも属さない経費
出張所等経費 　　配賦額		出張所管轄下に複数の工事がある場合、出張所自体で要した経費を期中の工事ごとの出来高比、あるいは支出金比などによって一括配賦した額

第4章　株主資本等変動計算書

1　利益処分案の廃止

　旧商法で代表取締役は毎決算期に貸借対照表、損益計算書、営業報告書およびそれらの附属明細書とともに、「利益の処分又は損失の処理に関する議案」を作成し、監査役の監査を受けた後に、定時株主総会に提出してその承認を受けるべきこととされていました。

　会社法では、利益処分項目としていた役員賞与（会社法第361条）、資本の部の計数の変動（同法第448条、第450条から第452条まで）および剰余金の配当（同法第454条）などに分解され、整理されました。そして、これらは、決算確定の手続とは完全に切り離され、必要に応じていつでも、何回でもできるようになり、利益処分案（損失処理案）は廃止されることになりました。これに代わって、純資産全体の期中変動とその残高を示す株主資本等変動計算書が導入されました。

　これにより、旧商法の損益計算書の前期繰越利益の次に記載していた中間配当、自己株式消却額、自己株式処分差損、土地再評価差額金取崩額などは、すべて株主資本等変動計算書の記載項目となり、旧損益計算書の前期繰越利益から当期未処分利益までの表示は必要がなくなり、当期純利益が最後になります。

　また、旧商法附属明細書に記載すべきこととされていた「資本金、資本剰余金並びに利益準備金及び任意積立金の増減」が、株主資本等変動計算書の記載項目となっています。

2 株主資本等変動計算書の概要

　株主資本等変動計算書は、貸借対照表の純資産の部の一会計期間における変動額のうち、主として、株主に帰属する部分である株主資本の各項目の変動事由を報告するために作成するものです。

　純資産の部の計数の増減をもたらす取引がすべて株主資本等変動計算書によって表示されます。この計算書は、期首と期末におけるストックとしての純資産について、その期中のフローとしての増減変化とその残高の状況を明らかにする変動計算書であり、これによって純資産の部の期首の金額と期末の金額との連続性が確保されます。

3 株主資本等変動計算書の作成方法

　株主資本等変動計算書の作成方法は、会社計算規則第127条で、次のように区分して記載することとしています。

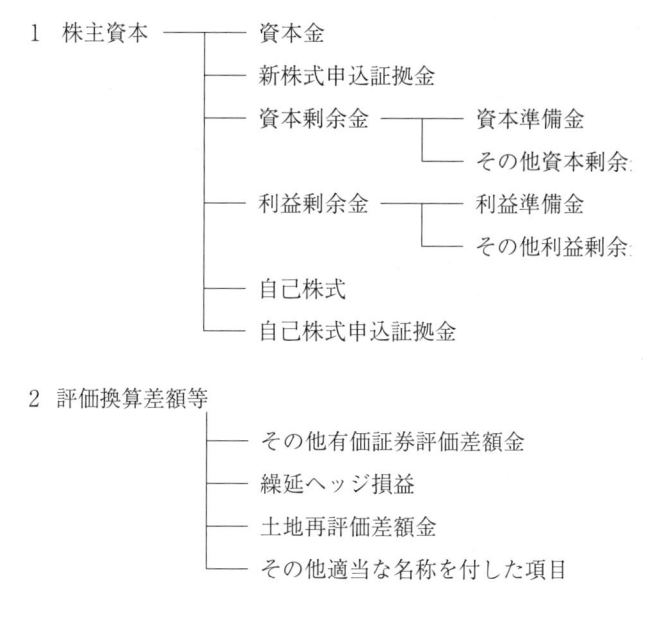

```
1  株主資本 ───┬── 資本金
              ├── 新株式申込証拠金
              ├── 資本剰余金 ───┬── 資本準備金
              │               └── その他資本剰余
              ├── 利益剰余金 ───┬── 利益準備金
              │               └── その他利益剰余
              ├── 自己株式
              └── 自己株式申込証拠金

2  評価換算差額等
              ┬── その他有価証券評価差額金
              ├── 繰延ヘッジ損益
              ├── 土地再評価差額金
              └── その他適当な名称を付した項目

3  新株予約権
```

第2項から第6項までの規定は、貸借対照表の純資産の部の区分（同規則第108条）の第2項から第8項の規定と同じです。同規則第108条第6項では、その他資本剰余金およびその他利益剰余金は、適当な名称を付した項目に細分することができるとされていることから、その他利益剰余金は次のとおり細分することになります。

```
その他利益剰余金 ┬─ ・・・準 備 金
                 ├─ ・・・積 立 金
                 └─ 繰越利益剰余金
```

　第5項のその他有価証券評価差額金は、金融商品会計基準（時価会計）を適用して、その他有価証券を時価評価したとき生ずる差額金ですが、商法施行規則上の株式等評価差額金という用語を、その他有価証券評価差額金という財務諸表等規則と同じ用語に改めて、調和を図ったものです。

4　株主資本の表示方法

　第7項では、資本金、資本剰余金、利益剰余金および自己株式に係る項目は、前期末残高、当期変動額および当期末残高を明らかにしなければなりません。この場合、当期変動額は、各変動事由ごとに変動額および変動事由を明らかにしなければならないとしています。
　株主資本の各項目の変動事由は、省令様式第17号記載要領9に、次の7つが例示されています。
(1)　当期純利益または当期純損失
(2)　新株の発行または自己株式の処分
(3)　剰余金（その他資本剰余金またはその他利益剰余金）の配当
(4)　自己株式の取得
(5)　自己株式の消却
(6)　企業結合（合併、会社分割、株式変換、株式移転など）による増加または分割型の会社分割による減少

(7) 株主資本の計数の変動
　① 資本金から準備金または剰余金への振替
　② 準備金から資本金または剰余金への振替
　③ 剰余金から資本金または準備金への振替
　④ 剰余金の内訳科目間の振替

5　評価・換算差額等および新株予約権の表示方法

　第8項では、評価・換算差額等および新株予約権に係る項目は、それぞれ前期末残高および当期末残高について明らかにしなければならないとしています。この場合、特に変動事由を明らかにする必要はなく、当期変動額を純額で表示してよく、また、主要な変動額について、その変動事由とともに明らかにしてもよいとしています。

6　株主資本等変動計算書の様式例

　企業会計基準委員会から、平成17年12月27日付で企業会計基準第6号「株主資本等変動計算書に関する会計基準」および企業会計基準適用指針第9号「株主資本等計算書に関する会計基準の適用指針」が公表されています。

　この適用指針では、項目を横に並べる様式例と項目を縦に並べる様式例の2種類の様式例が示されています。

　いずれの様式例でも、貸借対照表の純資産の部の表示区分と対応関係が見られます。また、株主資本については当期変動額を増加額と減少額に分けて表示し、評価・換算差額等および新株予約権については純額で表示してよいことが示されています。

7　様式第17号　株主資本等変動計算書の新設

　様式第17号では、従来の「利益処分（損失処理）」が削除され、前述の企業会計適用指針第9号で示された横に並べた様式例がそのまま様式第17号として採用され新設されました（270頁参照）。

8　様式第17号の記載要領

(1)　記載要領1～3　しん酌規定他

様式第15号および様式16号と同様の規定であり、記載要領1は、会社計算規則第3条（会計慣行のしん酌）の「この省令の用語の解釈及び規定の適用に関しては、一般に公正妥当と認められる企業会計の基準その他の企業会計の慣行をしん酌しなければならない。」を受けたものです。

(2)　記載要領4

様式第15号および様式第16号のそれぞれの記載要領4と同じく「4　金額の記載に当って有効数字がない場合においては、項目の名称の記載は要しない。」とされています。

(3)　記載要領5および6　注記事項

適用指針第9号では、表示方法のうち、株主資本等変動計算書に記載することに代えて、注記として開示できる項目として、次の2つを掲げています。

「4　その他利益剰余金の表示」→記載要領5
「5　評価・換算差額等の表示」→記載要領6

(4)　記載要領7

「各合計額の記載は株主資本合計を除き省略することができる。」は、適用指針の様式例で脚注（＊3）の文言を受けています。

(5)　記載要領10

「剰余金の配当については、剰余金の変動事由として当期変動額に表示する。」とともに、配当に関する事項を注記することが必要です。

(6)　記載要領11

「過年度税効果調整額」は、旧様式第16号記載要領13で、「前期繰越利益（前期繰越損失）」の次に記載することとしていましたが、改正後は、「過年度税効果調整額は、株主資本等変動計算書に記載するものとし、当該差額は法人税等調整額には含めない。」を受けて、ここではその差額を「過年度税効果調整額」として繰延利益剰余金の当期変動額に表示するこ

ととされました。

(7) **記載要領12**

　適用指針の8「新株の発行の効力発生日に資本金又は資本準備金の額の減少の効力が発生する場合の表示」の文言を採用しています。

(8) **記載要領13〜16**

　株主資本以外の各項目の変動事由のうち、

① 適用指針9「変動事由の表示方法の選択」の文言が記載要領13に採用されています。

② 適用指針10「変動事由を表示する場合の主な変動事由及び金額の表示方法の選択」の文言が記載要領14に採用されています。

③ 適用指針11「変動事由の表示(1)評価・換算差額等(2)新株予約権」の文言が記載要領15に採用されています。

④ 適用指針12「株主資本以外の各項目のうち、その他有価証券評価差額金について、主な変動事由及びその金額を表示する場合…」の文言が記載要領16に採用されています。

第5章　注記表

1　独立した計算書類　注記表

　注記表とは、貸借対照表、損益計算書および株主資本等変動計算書などに関係する重要な補足事項を記載したものをいいます。

　株式会社の作成すべき計算書類として、貸借対照表および損益計算書のほか、法務省令で定めるものとして、株主資本等変動計算書および個別注記表が規定されました（会社計算規則第91条第1項）。

　注記表は、商法施行規則で貸借対照表または損益計算書に関する注記事項とされていた事項を取りまとめて、個別注記表として規定上統一したものです。商法施行規則では、注記事項を貸借対照表および損益計算書に付随するものとして規定されていましたが、会社計算規則では独立した計算書類の1つとして取り扱われています。

2　注記表の内容

　会社計算規則第129条第1項で、注記表は次の12項目として定められました。

　　①　継続企業の前提に関する注記
　　②　重要な会計方針に係る事項に関する注記
　　③　貸借対照表等に関する注記
　　④　損益計算書に関する注記
　　⑤　株主資本等変動計算書に関する注記
　　⑥　税効果会計に関する注記

⑦　リースにより使用する固定資産に関する注記
⑧　関連当事者との取引に関する注記
⑨　1株当たり情報に関する注記
⑩　重要な後発事象に関する注記
⑪　連結配当規制適用会社に関する注記
⑫　その他の注記

同条第2項では、次のとおり、会計監査人の設置の有無、株式会社の公開性によって取扱いが区別されています。

同条第4項では、持分会社の取扱いが規定されています。

後述する様式第17号の2注記表記載要領1が次のとおり図表で表現されています。

記載要領
1　記載を要する注記は、以下のとおりとする。

	株式会社			持分会社
	会計監査人設置会社	会計監査人なし		
		公開会社	株式譲渡制限会社	
1　継続企業の前提に重要な疑義を抱かせる事象又は状況	○	×	×	×
2　重要な会計方針	○	○	○	○
3　貸借対照表関係	○	○	×	×
4　損益計算書関係	○	○	×	×
5　株主資本等変動計算書関係	○	○	○	×
6　税効果会計	○	○	×	×
7　リースにより使用する固定資産	○	○	×	×
8　関連当事者との取引	○	○	×	×
9　一株当たり情報	○	○	×	×
10　重要な後発事象	○	○	×	×
11　連結配当規制適用の有無	○	×	×	×
12　その他	○	○	○	○

【凡例】○…記載要、×…記載不要

商法施行規則第48条（注記等の特例）第2項では、小会社および有限会社について資本の注記および配当制限の注記の2つを除いて注記の省略規定が置かれていました。

会社計算規則では、会社の規模で取扱いを区別するのではなく、会計監査人設置の有無および株式会社の公開性によって区別する点が大きな改正点です。

なお、特例有限会社は、会社法上株式会社とされ、当然に省略規定の適用を受けることとなりますが、最低限、②、⑤、⑫の3つの注記は必要と解されます。

3　様式第17号の2　注記表の新設

会社計算規則第5章注記表第128条から第144条までの規定を受けて、様式第17号の2注記表が新設されました（274頁参照）。

なお「注記表」は、会社法では個別注記表と連結注記表の総称とされていますが、建設業法では個別計算書類のみを作成することとしているため、建設業法上の「注記表」とは個別注記表をいいます。

4　注記表の記載事項

注1　継続企業の前提に重要な疑義を抱かせる事象または状況

「継続企業の前提に関する注記」は、事業年度の末日において財務指標の悪化の傾向、重要な債務の不履行等財政破綻の可能性その他会社が将来にわたって事業を継続するとの前提に重要な疑義を抱かせる事象または状況が存在する場合、①当該事象または状況が存在する旨およびその内容、②重要な疑義の存在の有無、③当該事象または状況を解消または大幅に改善するための経営者の対応および経営計画、④当該重要な疑義の影響の貸借対照表、損益計算書、株主資本等変動計算書および注記表への反映の有無を記載します（記載要領6注1）。

この注記は、同規則第131条の規定を受けたもので、会計監査と不可分のものであることから、会計監査人設置会社のみが注記を求められていま

す。
注2 **重要な会計方針**

「重要な会計方針に係る事項に関する注記」は次の事項を記載します。

(1) 資産の評価基準および評価方法
(2) 固定資産の減価償却の方法
(3) 引当金の計上基準
(4) 収益および費用の計上基準
(5) 消費税および地方消費税に相当する額の会計処理の方法
(6) その他貸借対照表、損益計算書、株主資本等変動計算書、注記表作成のための基本となる重要な事項
(7) 会計方針の変更

同規則第132条第1項で、次の5項目を掲げています。

> ① 資産の評価基準及び評価方法
> ② 固定資産の減価償却の方法
> ③ 引当金の計上基準
> ④ 収益及び費用の計上基準
> ⑤ その他計算書類の作成のための基本となる重要な事項

様式第17号の2では、注2重要な会計方針では、⑤を(6)とし、(5)に「消費税及び地方消費税に相当する額の会計処理の方法」が追加されました。

記載要領6注2では、同条第2項の本文

> 会計方針を変更した場合には、次に掲げる事項（重要性の乏しいものを除く。）も重要な会計方針に関する注記とする。
> 　1　会計処理の原則又は手続を変更したときは、その旨、変更の理由及び当該変更が計算書類に与えている影響の内容
> 　2　表示方式を変更したときは、その内容

を追加したものです。

後半では、(5)税抜方式と税込方式のいずれを採用したかを記載すること

とし、ただし書を追加していますが、旧様式第15号の記載要領24を受けたものです。

(1) 資産の評価基準および評価方法

　評価基準は会社計算規則第5条に定められており、原価法が原則とされていますので、たな卸資産、有価証券について低価法を採用している場合に限り、その旨の注記が必要となります。

　評価方法として、たな卸資産については、先入先出法、後入先出法、総平均法、移動平均法、個別法等、また、有価証券については、移動平均法、総平均法等があり、いずれも選択適用が認められていますので注記が必要です。

　評価基準と評価方法を一体として、たとえば、「移動平均法による原価法」などと内容がより明らかになるように記載します。

(2) 固定資産の減価償却の方法

　有形固定資産の償却方法については、定率法か定額法かを記載します。また無形固定資産については、鉱業権、のれん、特殊な資産を除き定額法が原則であり、建設業では、無形固定資産は金額的に重要でないのが一般的で、ほとんどの場合、注記は不要と思われます。なお、有形固定資産について、減価償却累計額を控除した残額のみを記載する方法を採用している場合は、減価償却累計額の注記も必要となります。

(3) 引当金の計上基準

　建設業における一般的な引当金は貸倒引当金、完成工事補償引当金、工事損失引当金、退職給付引当金等です。このうち金額的に重要な引当金について、その引上理由、計算の基礎等を簡潔に記載します。

(4) 収益および費用の計上基準

　旧商法施行規則と対比すると、新たに追加された項目です。これまで「収益及び費用の計上基準」でも、原則的な方法によらない場合は注記が必要でした。建設業では、工事完成基準と工事進行基準の選択適用が可能とされることから、採用している基準が、工事完成基準のみの場合であっても、注記が必要です。

(5) 消費税および地方消費税に相当する額の会計処理の方法

　税抜方式および税込方式のうち貸借対照表および損益計算書の作成に当たって採用したものを記載します。ただし、経営状況分析申請書または経営規模等評価申請書に添付する場合には、税抜方式を採用することとされています（記載要領6注2(5)）。

(6) その他貸借対照表、損益計算書、株主資本等変動計算書、注記表作成のための基本となる重要な事項

　その他の重要な会計方針としては、繰延資産の処理方法、外貨建の資産および負債の本邦通貨への換算基準、リース取引の処理方法、ヘッジ会計の方法等が考えられます。このうち重要性がある場合に記載します。

　繰延資産は、建設業においては一般に重要性が乏しいので、ほとんどの場合、繰延資産の処理に関する注記は不要と思われます。

　外貨建の資産および負債の本邦通貨への換算基準については、「外貨建取引等会計処理基準」が定められており、この基準によっている場合には、注記の必要はありません。

(7) 会計方針の変更

　会計処理の原則または手続を変更したときは、その旨、変更の理由および当該変更が貸借対照表、損益計算書、株主資本等変動計算書および注記表に与えている影響の内容を、表示方法を変更したときは、その内容を追加して記載します。重要性の乏しい変更は、記載の要はありません（記載要領6注2(7)）。

注3　貸借対照表関係

　「貸借対照表に関する注記」は、次の事項を記載します。

　(1) 担保に供している資産および担保付債務

　　① 担保に供している資産の内容およびその金額

　　② 担保に係る債務の金額

　(2) 保証債務、手形遡及債務、重要な係争事件に係る損害賠償義務等の内容および金額

　(3) 関係会社に対する短期金銭債権および長期金銭債権ならびに短期金

銭債務および長期金銭債務
　(4) 取締役、監査役および執行役との間の取引による取締役、監査役および執行役に対する金銭債権および金銭債務
　(5) 親会社株式の各表示区分別の金額
(1) **担保資産の注記**（同規則第134条第1項）

　資産が担保に供されていること、担保資産の内容およびその金額、担保に係る債務の金額をそれぞれ勘定科目別に記載します（記載要領6注3(1)）。

　担保資産の注記は、旧規則での「その旨の注記」よりも詳細な内容となり、その代わりに「資産につき設定している担保権の明細」（旧商法施行規則第107条第1項第4号）が附属明細書の記載事項から外されました。

(2) **偶発損失の注記**（同条第5項）

　保証債務、手形遡及債務、重要な係争事件に係る損害賠償義務等（負債の部に計上したものを除く。）の種類別に総額を記載します（記載要領6注3(2)）。

(3) **関係会社に対する金銭債権・金銭債務についての注記**（同条第6項）

　長・短の区分は不要、関係会社別の金額の記載は不要で、債権・債務の総額を記載します（記載要領6注3(3)）。

　旧様式第15号注3に、「子会社に対する金銭債権・金銭債務の注記」、同注4に「支配株主に対する金銭債権・金銭債務の注記」が改められたもので、会社計算規則では、貸借対照表、損益計算書および注記表の全般にわたって、子会社・支配株主単位ではなく、関係会社単位の記載が求められており、金融商品取引法ベースの財務諸表の表示方法との調和を図っています。

(4) **取締役、監査役および執行役に対する金銭債権・金銭債務についての注記**（同条第7・8項）

　金銭債権・金銭債務のそれぞれの総額を記載し、取締役・監査役および執行役別の金額の記載は不要です（記載要領6注3(4)）。

(5) **親会社株式の注記**（同条第9項）

　貸借対照表の流動資産または投資その他の資産に区分掲記している場合

は、注記は不要です（記載要領6注3(5)）。

会社計算規則では、前記5項目以外に、次の(6)、(7)、(8)の3項目の注記を求めています。

(6) **資産に係る引当金を直接控除した場合の、各資産の資産項目別の引当金の金額の注記**（同条第2項）

一括して注記することが適当な場合は、流動資産、有形固定資産、無形固定資産、投資その他の資産または繰延資産ごとに一括した引当金の金額を記載します。

(7) **資産に係る減価償却累計額を直接控除した場合の、各資産の資産項目別の減価償却累計額の注記**（同条第3項）

一括して注記することが適当な場合は、各資産について一括した減価償却累計額を注記します。

(8) **資産に係る減損累計額を減価償却累計額に合算して減価償却累計額の項目をもって表示した場合の注記**（同条第4項）

合算間接控除形式を採用して表示した減価償却累計額に減損損失累計額が含まれている旨を記載します。

様式第17号の2の注記表において、いずれの表示も認められていません。会社法計算書類において、貸借対照表で各項目が想定する表示方法を選択した場合、例えば、有形固定資産を減価償却累計額控除後の純額で表示した場合、この注記が必要となります。

注4　損益計算書関係

「損益計算書に関する注記」は、次の事項を記載します（同規則第135条）。

(1) 工事進行基準による完成工事高
(2) 「売上高」のうち関係会社に対する部分
(3) 「売上原価」のうち関係会社からの仕入高
(4) 関係会社との営業取引以外の取引高
(5) 売上原価及び一般管理費に含まれる研究開発費の総額（会計監査人を設置している会社に限る。）

(1) 工事進行基準を採用している場合、完成工事高のうち工事進行基準に

よる計上額を記載します。工事進行基準を採用していない場合は、記載不要です（記載要領6注4(1)）。

会社計算規則では求められていない注記です。

(2)、(3)、(4) 関係会社との取引について、旧様式第16号では、次の注記が規定されていました。

注3　「売上高」のうち子会社に対する部分及び支配株主に対する部分
注4　「売上原価」のうち子会社からの仕入高及び支配株主からの仕入高
注5　子会社との営業取引以外の取引高及び支配株主との営業取引以外の取引高

　関係会社に対する金銭債権・金銭債務の注記と同様、規則第135条で「関係会社との間の注記」に定められました。(2)売上高と(3)仕入高、(4)営業取引以外の取引に分けて、それぞれの総額を記載し、関係会社別の金額の記載は不要です（記載要領6注4(2)(3)(4)）。

(4)　営業取引以外の取引高とは、受取利息、支払利息、固定資産、有価証券等の資産譲渡高または資産購入高、その他重要な取引（不動産賃借料、経営指導料、出向報酬等）をいい、これらの価額の絶対値の合計を記載します。

(5)　売上原価及び一般管理費に含まれる研究開発費の総額の記載が、会計監査人設置会社に限定して、平成20年4月1日以後、決算期が到来する会社に要求されることになりました。

　平成20年1月の経審改正で、「その他の審査事項（社会性等）(W)」に「研究開発の状況」が追加されたことに伴い、当該項目を抽出する必要から、この注記表に追加されたものです。

注5　株主資本等変動計算書関係

　「株主資本等変動計算書に関する注記」は、次の事項を記載します（同規則第136条）。

(1)　事業年度末日における発行済株式の種類および数

(2) 事業年度末日における自己株式の種類および数
(3) 剰余金の配当
(4) 事業年度末において発行している新株予約権の目的となる株式の種類および数

(1)、(2)では、当該事業年度末日における発行済株式の種類および種類ごとの数、自己株式の種類および種類ごとの数を記載します。
(3) 事業年度中に行った剰余金の配当(事業年度末日後に行う剰余金の配当のうち、剰余金の配当を受ける者を定めるための会社法第124条第1項に規定する基準日が事業年度中のものを含む。)について、配当を実施した回毎に、決議機関、配当総額、1株当たりの配当額、基準日、効力発生日について記載することとされています(記載要領6注5(3))。
(4) 当該事業年度末日において発行している新株予約権の目的となる株式の数を記載します。

注6 税効果会計(同規則第138条)

「税効果会計に関する注記」には、繰延税金資産および繰延税金負債の発生の主な原因を記載します。原因別の内訳を要求されていませんので、定量的な記載ではなく定性的な記載でよいとされています(記載要領6注6)。

注7 リースにより使用する固定資産(同規則第139条)

「リースにより使用する固定資産の注記」には、次のとおり、記載要領6注7でファイナンス・リース取引と重要な固定資産の説明があり、注記には定性的な開示でよいとされています。

> 注7 ファイナンス・リース取引(リース取引のうち、リース契約に基づく期間の中途において当該リース契約を解除することができないもの又はこれに準ずるもので、リース物件(当該リース契約により使用する物件をいう。)の借主が、当該リース物件からもたらされる経済的利益を実質的に享受することができ、かつ、当該リース物件の使用に伴って生じる費用等を実質的に負担することとなるものをいう。)の借主である株式会社が当該ファイナンス・

> リース取引について通常の売買取引に係る方法に準じて会計処理を行っていない重要な固定資産について、定性的に記載する。
> 「重要な固定資産」とは、リース資産全体に重要性があり、かつ、リース資産の中に基幹設備が含まれている場合の当該基幹設備をいう。リース資産全体の重要性の判断基準は、当期支払リース料の当期支払リース料と当期減価償却費との合計に対する割合についておおむね1割程度とする。
> ただし、資産の部に計上するものは、この限りでない。

注8　関連当事者との取引

「関連当事者との取引に関する注記」には、次の事項を記載します（同規則第140条）。

取引の内容

属性	会社等の名称又は氏名	議決権の所有(被所有)割合	関係内容	科目	期末残高(千円)

　　　ただし、会計監査人を設置している会社は以下の様式により記載します。

(1)　取引の内容

属性	会社等の名称又は氏名	議決権の所有(被所有)割合	関係内容	取引の内容	取引金額	科目	期末残高(千円)

(2)　取引条件および取引条件の決定方針
(3)　取引条件の変更の内容および変更が貸借対照表、損益計算書に与える影響の内容

財務諸表等規則第8条の10に規定される関連当事者との取引に関する注記と実質的に同様の規定が計算規則に定められました。

記載要領6注8では、次のとおり関連当事者の定義、関連当事者ごとの記載、記載を要しない取引について説明しています。

> 注8　「関連当事者」とは、会社計算規則第140条第4項に定める者をいい、記載にあたっては、関連当事者ごとに記載する。重要性の乏しい取引については記載を要しない。
> (1)　関連当事者との取引のうち以下の取引は記載を要しない。
> ①　一般競争入札による取引並びに預金利息及び配当金の受取りその他取引の性質からみて取引条件が一般の取引と同様であることが明白な取引
> ②　取締役、執行役、会計参与又は監査役に対する報酬等の給付
> ③　その他、当該取引に係る条件につき市場価格その他当該取引に係る公正な価格を勘案して一般の取引の条件と同様のものを決定していることが明白な取引

注9　1株当たり情報（同規則第141条）

　旧様式第16号で「注6　1株当たりの当期純利益（当期純損失）」が注記事項とされていましたが、計算規則では、1株当たり純資産額が新たに注記事項に加えられました。算定方法については、企業会計基準委員会から公表されている企業会計基準第2号「1株当たり当期純利益に関する会計基準」に従う必要があります。

注10　重要な後発事象（同規則第142条）

　旧商法施行規則第103条（営業報告書）第1項第12号で「決算期後に生じた計算書類作成会社の状況に関する重要な事実」の記載が求められていました。

　後発事象とは、株式会社の事業年度末日後、翌事業年度以降の財産または損益に重要な影響を及ぼす事象が発生した場合における当該事象をいいます（規則第142条第1項）。

　後発事象は営業報告書の記載事項から、注記表の記載事項とされましたが、開示すべき内容自体に変更はありません。

注11　連結配当規制適用の有無（同規則第143条）

　連結配当規制適用会社に関する注記は、当該事業年度の末日が最終事業

年度の末日となる時後、連結配当規制適用会社となる旨を記載します。会社計算規則第186条第4号に規定する配当規制を適用する場合に、その旨を記載します。

注12　その他（同規則第144条）

　注1から注11に掲げた事項のほか、貸借対照表、損益計算書、株主資本等変動計算書により会社の財産または損益の状態を正確に判断するために必要な事項を記載します。

　旧様式第15号注19で「……その他会社の財産の状態を正確に判断するために必要な事項」、旧様式第16号注7で「その他会社の損益の状態を正確に判断するために必要な事項」の追加情報と同義であり、その意味で実質的な変更はありません。

5　注記に当たっての留意事項

> 記載要領
> 　2　注記事項は、貸借対照表、損益計算書、株主資本等変動計算書の適当な場所に記載することができる。この場合、注記表の当該部分への記載は要しない。
> 　3　記載すべき金額は、注9を除き千円単位をもって表示すること。
> 　　ただし、会社法（平成17年法律第86号）第2条第6号に規定する大会社にあっては、百万円単位をもって表示することができる。この場合、「千円」とあるのは「百万円」として記載すること。
> 　4　注に掲げる事項で該当事項がない場合においては、「該当なし」と記載すること。
> 　5　貸借対照表、損益計算書、株主資本等変動計算書の特定の項目に関連する注記については、その関連を明らかにして記載する。

第6章　事業報告

1　事業報告の定義

　事業報告の記載事項は、すべて会社法施行規則に規定されています。会社法における事業報告は、旧商法の営業報告書に代わる書類です。従来の営業報告書の記載事項に比べ、社外役員に関する事項および株式会社の業務の適正を確保する体制等、特に、コーポレート・ガバナンスの面での定性的な記載事項が大幅に追加されています。

　これは、会社法において経営者に対し経営の自由を大幅に認める反面、内部統制の構築等のコーポレート・ガバナンスの強化を求めていますが、この内容を事業報告に記載することにより明らかにするためと考えられます。

　また、営業報告書では、一部小会社および有限会社において法定事項の記載を省略できる例外規定（旧商法施行規則第103条第4項）があり、会社規模の大小の相違により記載事項が異なっていましたが、事業報告では、株式会社の機関の形態別に記載事項が規定されているところに特徴があります。

　旧商法では、貸借対照表、損益計算書、営業報告書および利益の処分または損失の処理に関する議案が計算書類とされていました（旧商法第281条第1項）。しかし、会社法では、貸借対照表、損益計算書、株主資本等変動計算書および個別注記表が計算書類と定義され（会社法第435条第2項、会社計算規則第91条第1項）、事業報告は計算書類に含まれないことになり、会計監査人の監査対象から除外されました。

なお、事業報告の具体的な記載方法については、日本経団連のひな型および全株懇の事業報告モデル等を参照して下さい。

また、合名会社、合資会社または合同会社のいわゆる持分会社においては、計算書類の作成は義務づけられていますが（会社法第617条第2項）、事業報告の作成義務はありません。

2　事業報告の一般的記載事項

事業報告は、次に掲げる事項をその内容とします（会社法施行規則第118条）。

(1) 当該株式会社の状況に関する重要な事項（計算書類およびその附属明細書ならびに連結計算書類の内容となる事項を除く。）
(2) 内部統制システムについての決定または決議があるときは、その決定または決議の内容の概要

ここでは、重要な事項と規定されているだけで、具体的な内容は規定されておらず、通則的な規定となっています。

3　公開会社の特則

公開会社の場合には、前記2の一般的記載事項で規定されているものに加えて、次のものも事業報告の内容とする（会社法施行規則第119条）としています。

事業報告の追加項目
(1) 株式会社の現況に関する事項
(2) 株式会社の会社役員に関する事項
(3) 株式会社の株式に関する事項
(4) 株式会社の新株予約権等に関する事項

4　社外役員等を設けた株式会社の特則

公開会社である株式会社で、その会社役員の全部または一部が社外役員（社外取締役・社外監査役）である場合には、株式会社の役員に関する事

項には、3 (2)株式会社の会社役員に関する事項の他、次のものも含まれます（会社法施行規則第124条）。

事業報告の追加項目
(1) 社外役員が他の会社の業務執行取締役、執行役、業務執行社員または使用人であるときは、その事実およびその会社と他の会社との関係（重要でないものを除く。）
(2) 他の株式会社の社外役員を兼任しているときは、その事実（重要でないものを除く。）
(3) その株式会社またはその株式会社の特定関係事業者の業務執行取締役、執行役、業務執行役員もしくは使用人またはその三親等内の親族その他これに準ずるものであるときは、その事実（重要でないものを除く。）
(4) 社外役員のその事業年度の主な活動状況
(5) その株式会社との間で責任限定契約を結んでいるときは、その契約内容の概要
(6) その事業年度の社外役員の報酬等の総額
(7) その株式会社の親会社またはその親会社の子会社から役員としての報酬等を受けているときは、当該報酬等の総額
(8) 前各号の内容に対してその社外役員の意見があるときは、その意見

5　会計参与設置会社の特則

　会計参与設置会社の場合で、会計参与との間で責任限定契約を締結しているときは、その契約の内容の概要を事業報告に記載します（会社法施行規則第125条）。

6　会計監査人設置会社の特則

　株式会社が会計監査人設置会社である場合には、次の事項を事業報告に記載します。
　ただし、公開会社でない場合には、次の(2)から(4)までの事項は除かれま

す（会社法施行規則第126条）。

事業報告の追加項目

(1) 会計監査人の氏名・名称
(2) その事業年度の各会計監査人の報酬等の額
(3) 会計監査人への非監査業務対価を支払っているときは、その非監査業務の内容
(4) 会計監査人の解任・不再任の決定の方針
(5) 会計監査人が業務停止処分のときは、その処分の内容
(6) 会計監査人が過去2年間に業務停止処分を受けたときは、その処分の内容のうち株式会社が事業報告に適すると判断した事項
(7) その株式会社との間で責任限定契約を結んでいるときは、その契約の内容の概要
(8) 大会社のとき、①その会社の会計監査人である公認会計士・監査法人に支払う金銭その他の財産上の利益額および②その会社の会計監査人以外の公認会計士・監査法人が、その子会社の監査をしているときは、その事実
(9) その事業年度中に辞任または解任された会計監査人があるときは、次の事項
　① その会計監査人の氏名、名称
　② 会社法第340条第3項（解任）の理由があるときはその理由
　③ 会社法第345条第5項準用の意見（株主総会での一時会計監査人の選任、解任、辞任についての意見）
　④ 会社法第345条第5項準用の理由があるときは、その辞任理由または意見理由（株主総会での一時会計監査人の辞任についての理由または意見）
(10) 会社法第459条第1項（剰余金の配当等を取締役会が決定する旨の定款の定め）の規定の定めがあるとき、その定款の定めにより取締役会に与えられた権限行使に関する方針

7　支配に関する基本方針

　株式会社が、敵対的買収防衛策などのために、その会社の財務および事業の方針の決定を支配する者の在り方に関する基本方針を定めている場合には、次のものも事業報告に記載します。

事業報告の追加項目
(1) 基本方針の内容
(2) 次の取組みの具体的内容
　① その会社財産の有効活用、適切な企業集団形成、その他の基本方針の実現に資する特別な取組み
　② 不適切な者によって、その会社の財務および事業の方針決定が支配されることを防止するための取組み
(3) 前号の取組みの次の要件への該当性について、その会社の取締役（取締役会）の判断とその判断理由
　① その取組みが、基本方針に沿うものであること
　② その取組みが、その会社の価値または株主利益を損なうものでないこと
　③ その取組みが、その会社の会社役員の地位の維持を目的とするものではないこと

8　事業報告から記載が除外された事項

　営業報告書に記載していた事項のうち、事業報告において記載事項となっていない主な内容は次のとおりです。

(1) 自己株式の取得、処分等および保有の状況
　　自己株式の取得等については、営業報告書の記載事項とされていましたが（旧商法施行規則第103条第1項第9号）、株主資本等変動計算書にその増減額が記載されるとともに（会社計算規則第127条）、当該事業年度の末日における種類ごとの自己株式の総数が、株主資本等変動計算書に関する注記として記載することになりました（会社計算規

則第136条第2項)。

(2) **決算期後に生じた会社の状況に関する重要な事実**

決算期後に生じた火災、地震等による重大な損害の発生等の後発事象は、営業報告書の記載事項とされていましたが(旧商法施行規則第103条第1項第11号)、会社法では計算書類の注記表に記載されることとなりました(会社計算規則第129条)。

9 事業報告の附属明細書

事業報告の内容を補足する重要な事項を内容とするものでなければなりません。ただし、当該事業年度の末日において公開会社であるときは、次に掲げる事項(重要でないものを除く。)を事業報告の附属明細書の内容としなければなりません(会社法施行規則第128条)。公開会社でない株式会社については、具体的な記載事項は定められていません。

(1) 他の会社の業務執行取締役、執行役、業務を執行する社員または会社法第598条第1項の職務を行うべき者を兼ねる会社役員(会計参与を除く。)についての兼務の状況の明細(当該他の会社の事業が当該株式会社の事業と同一の部類のものであるときは、その旨を含む。)

(2) 第三者との取引であって、当該株式会社と会社役員または支配株主との利益が相反するものの明細

10 建設業法施行規則の定め

建設業法は、株式会社に事業報告の提出を義務づけています。すなわち、毎事業年度経過後4か月以内に、工事経歴書および直前3年の各事業年度における工事施工金額を記載した書面とともに、貸借対照表、損益計算書、株主資本等変動計算書、注記表および事業報告を、国土交通大臣または都道府県知事に提出しなければなりません。建設業法施行規則第10条(毎事業年度経過後に届出を必要とする書類)による。

第7章　附属明細

第1節　会社法附属明細書

　「株式会社は、法務省令に定めるところにより、各事業年度に係る計算書類（貸借対照表、損益計算書、株主資本等変動計算書及び個別注記表）及び事業報告並びにこれらの附属明細書を作成しなければならない。」とされています（会社法第435条第2項、会社計算規則第91条）。

　附属明細書は、貸借対照表、損益計算書、株主資本等変動計算書、個別注記表および事業報告の内容を補足する重要な事項を表示することとされています。

　事業報告の附属明細書（会社法施行規則第128条）と計算書類の附属明細書（会社計算規則第145条）は、法令上分けて規定されています。また、事業報告およびその附属明細書は、監査役（会）の監査対象とされ、会計監査人の監査対象ではなくなりました。注記表の内容がかなり詳細な取扱いとなったため、附属明細書の記載事項は必要最小限のものに改められました。事業報告の附属明細書については、180頁を参照して下さい。

1　計算書類の附属明細書

　計算書類の附属明細書には次に掲げる事項（公開会社以外の株式会社の場合は、(1)から(3)に掲げる事項）のほか、株式会社の貸借対照表、損益計算書、株主資本等変動計算書および個別注記表の内容を補足する重要な事項を表示しなければならないとされており（会社計算規則第145条）、公開会社であるかどうかによって取扱いが区別されています。

　必要最小限次の4つの事項（公開会社以外の株式会社の場合は(1)から(3)までの3つの事項）の開示は必要であり、そのほかに計算書類の内容を補

足すべき重要な事項があれば、適宜加えることが要求されます。
  (1) 有形固定資産および無形固定資産の明細
  (2) 引当金の明細
  (3) 販売費及び一般管理費の明細
  (4) 第140条第1項ただし書の規定により省略した事項（関連当事者との取引に関する注記において、会計監査人設置会社以外の株式会社が注記を省略した事項）がある場合は、当該事項

2 附属明細書の記載方法および様式

　記載方法や様式については、「この省令の用語の解釈及び規定の適用に関しては、一般に公正妥当と認められる企業会計の基準その他の企業会計の慣行をしん酌しなければならない。」（会社計算規則第3条・会計慣行のしん酌）旨定められているだけで、具体的には示されていません。

　日本経団連・経済法規委員会、日本公認会計士協会会計制度委員会は、それぞれ附属明細書のひな型を公表していますので、これらのひな型を参考にして下さい。

〔参　考〕　計算書類に係る附属明細書のひな型

> 平成15年11月5日制定
> 平成18年6月15日改正
> 日本公認会計士協会
> 会計制度委員会研究報告第9号

Ⅰ　はじめに

1. 計算書類に係る附属明細書（以下、「附属明細書」という。）は、会社法第435条第2項で株式会社においてその作成が求められるとともに、会社計算規則第145条で株式会社の貸借対照表、損益計算書、株主資本等変動計算書及び個別注記表の内容を補足する重要な事項を表示することが求められているものである。

会社法及び会社計算規則では具体的な作成方法は示されていないため、その作成に当たっては、株式会社の自主的判断を加えて、株主等に正確で、かつ、分かりやすい情報となるよう留意しなければならない。

本研究報告は、上記の趣旨を踏まえて会計計算規則で定められている附則明細書のひな型の一例を示し、実務の参考に資するものである。

2. 本ひな型は、株式会社のうち一般の事業会社に係る附属明細書の作成方法を示したものであるため、その他の業種に属する株式会社においては、本ひな型の趣旨に即して、作成方法に適宜工夫をこらす必要がある。

また、本ひな型は、会社法第436条第2項第1号の規定に基づく会計監査人の監査を受ける会計監査人設置会社を主として対象にしたものであり、このため会計計算規則第145条第4号の記載事項についてのひな型は示していないが、その他の株式会社においても、該当する本ひな型を参考にされることが望ましい。

II 一般的事項

1. 該当項目のないものは作成を要しない(「該当事項なし」と特に記載する必要はない。)。
2. 会社計算規則に規定されている附属明細書の記載項目は最小限度のものであるので、株式会社が、その他の情報について株主等にとり有用であると判断した場合には、項目を適宜追加して記載することが望ましい。
3. 金額の記載単位については、貸借対照表、損益計算書、株主資本等変動計算書及び個別注記表の金額の記載単位に合わせて記載するものとする(単位未満の端数の処理を含む。)。

III ひな型

1. 有形固定資産及び無形固定資産の明細

(1) 帳簿価格による記載

区分	資産の種類	期首帳簿価額	当期増加額	当期減少額	当期償却額	期末帳簿価額	減価償却累計額	期末取得原価
有形固定資産		円	円	円	円	円	円	円
	計							
無形固定資産								
	計							

(2) 取得原価による記載

区分	資産の種類	期首残高	当期増加額	当期減少額	期末残高	期末減価償却累計額又は償却累計額	当期償却額	差引期末帳簿価額
有形固定資産		円	円	円	円		円	円
	計							
無形固定資産								
	計							

(記載上の注意)

1. (1)又は(2)のいずれかの様式により作成する。
2. (1)にあっては、「期首帳簿価額」、「当期増加額」、「当期減少額」及び「期末帳簿価額」の各欄は帳簿価額によって記載し、期末帳簿価額と減価償却累計額の合計額を「期末取得原価」の欄に記載する。
3. (2)にあっては、「期首残高」、「当期増加額」、「当期減少額」及び「期末残高」の各欄は取得原価によって記載し、期末残高から期末減価償却累計額又は償却累計額を控除した残高を「差引期末帳簿価額」の欄に記載する。
4. 有形固定資産若しくは無形固定資産の期末帳簿価額に重要性がない場合、又は有形固定資産若しくは無形固定資産の当期増加額及び当期減少額に重要性がない場合には、(1)における「期首帳簿価額」又は(2)における「期首残高」、「当期増加額」及び「当期減少額」の各欄の記載を省略した様式により作成することができる。この場合は、その旨を脚注する。

5. 「固定資産の減損に係る会計基準の設定に関する意見書」(平成14年8月9日企業会計審議会) に基づき減損損失を認識した場合には、次のように記載する。

　貸借対照表上、直接控除形式 (減損処理前の取得原価から減損損失を直接控除し、控除後の金額をその後の取得原価とする形式) により表示しているときは、当期の減損損失を「当期減少額」の欄に内書 (括弧書) として記載する。

　貸借対照表上、独立間接控除形式 (減価償却を行う有形固定資産に対する減損損失累計額を取得原価から間接控除する形式) により表示しているときは、当期の減損損失は「当期償却額」の欄に内書 (括弧書) として記載し、減損損失累計額については(1)における「期末帳簿価額」又は(2)における「期末残高」の欄の次に「減損損失累計額」の欄を設けて記載する。貸借対照表上、合算間接控除形式 (減価償却を行う有形固定資産に対する減損損失累計額を取得原価から間接控除し、減損損失累計額を減価償却累計額に合算して表示する形式) を採用しているときは、当期の減損損失は「当期償却額」の欄に内書 (括弧書) として記載し、減損損失累計額については(1)における「減価償却累計額」又は(2)における「期末減価償却累計額又は償却累計額」の欄に減損損失累計額を含めて記載する。この場合には、いずれの場合も減損損失累計額が含まれている旨を脚注する。

6. 合併、会社分割、事業の譲受け又は譲渡、贈与、災害による廃棄、滅失等の特殊な理由による重要な増減があった場合には、その理由並びに設備等の具体的な内容及び金額を脚注する。

7. 上記6．以外の重要な増減については、その設備等の具体的な内容及び金額を脚注する。

8. 投資その他の資産に減価償却資産が含まれている場合には、当該資産についても記載することが望ましい。この場合には、表題を「有形固定資産及び無形固定資産 (投資その他の資産に計上された償却費の生ずるものを含む。) の明細」等に適宜変更する。

2. 引当金の明細

区　分	期首残高	当期増加額	当期減少額		期末残高
			目的使用	その他	
	円	円	円	円	円

(記載上の注意)
1. 期首又は期末のいずれかに残高がある場合にのみ作成する。
2. 当期増加額と当期減少額は相殺せずに、それぞれ総額で記載する。
3. 「当期減少額」の欄のうち、「その他」の欄には、目的使用以外の理由による減少額を記載し、その理由を脚注する。
4. 退職給付引当金について、退職給付に関する注記（財務諸表等の用語、様式及び作成方法に関する規則（以下「財務諸表等規則」という）第8条の13に規定された注記事項に準ずる注記）を個別注記表に記載しているときは、附属明細書にその旨を記載し、記載を省略することができる。

3. 販売費及び一般管理費の明細

科　目	金　額	摘　要
	円	
計		

(記載上の注意)
　おおむね販売費、一般管理費の順に、その内容を示す適当な科目で記載する。

4. その他の重要な事項
　　附属明細書に、上記のほか、貸借対照表、損益計算書、株主資本等変動計算書及び個別注記表の内容を補足する重要な事項を記載する場合、ひな型として一定の様式を示すことはできないため、記載様式は本ひな型との整合性を考慮に入れて適宜工夫する。

第2節　建設業法附属明細表

　建設業法上の許可申請書の添付書類（建設業法第6条第1項第6号）および毎事業年度経過後に届出を必要とする書類（同法第11条第2項）の1つとして、同法施行規則（第4条第1項第7号、第10条第1項第1号において附属明細表の作成が規定されており、建設業を営む同規則第4条第1項第7号に定める小会社（資本金の額が1億円以下であり、かつ、最終事業年度に係る貸借対照表の負債の部に計上した額の合計額が200億円以上でない株式会社）を除く株式会社は、同規則に定める様式第17号の3により附属明細表を作成すべきこととされています。

様式第17号の3

1　完成工事未収入金の詳細
2　短期貸付金明細表
3　長期貸付金明細表
4　関係会社貸付金明細表
5　関係会社有価証券明細表
6　関係会社出資金明細表
7　短期借入金明細表
8　長期借入金明細表
9　関係会社借入金明細表
10　保証債務明細表

　附属明細表の作成については、本書の資料編、建設業法施行規則（抄）および詳しくは『〔平成19年全訂版〕建設業会計提要』を参照して下さい。

記載要領

第1　一般的事項

　　4　金融商品取引法（昭和23年法律第86号）第24条の規定により、有価証券報告書を内閣総理大臣に提出しなければならない者については、附属明細表の4（関係会社貸付金明細表）、5（関係会社有価証券明細表）、6（関係会社出資金明細表）及び9（関係会社借入金明細表）の記載を省略することができる。この場合、同条の規定により提出された有価証券報告書に記載された連結貸借対照表に記載された連結貸借対照表の写を添付しなければならない。

「建設業許可事務ガイドラインについて」の一部改正について

　申請者負担の軽減の観点から、有価証券報告書提出会社については、有価証券報告書の写しの提出をもって規則別記様式第17号の3による附属明細表の提出を免除することとし、建設業許可事務ガイドラインに前記取扱いに関する規定が新たに追加され、平成20年4月1日以降の申請等が適用されることになりました。

　標記ガイドライン（平成13年4月3日国総建第97号）の平成20年1月一部改正で次のとおり示されています。

　建設業法第5条（許可の申請）及び第6条（許可申請者の添付書類）関係

２．許可申請書類の審査要領について

　の中、次の(14)が新設されました。

(14) 附属明細表（様式第17号の3）について

　金融商品取引法（昭和23年法律第25号）第24条に規定する有価証券報告書の提出会社にあっては、有価証券報告書の写しの提出をもって附属明細表の提出に代えることができるものとする。

第8章　決算

1　決　算

　簿記の日常の手続は、日々の取引を仕訳して仕訳帳に記入し、その結果を元帳に転記して、資産、負債、純資産、収益および費用の各勘定の増減を継続的に記録・計算することです。毎営業年度末には、その期間中の経営活動の成果としての損益を計算し、期末の財政状態を明らかにする必要があります。

　このため、簿記では、期末に帳簿の記録を整理し、すべての帳簿を締め切って損益計算書と貸借対照表を作成します。期末に行われるこうした一連の手続を決算といいます。

　決算手続は、次の順序で行われます。

1　決算予備手続

① 試算表の作成による元帳諸勘定記録の検証
② 資産在高の実地たな卸に基づくたな卸表の作成

2　決算本手続

① 決算整理記入
② 仕訳帳その他諸帳簿の締切り
③ 元帳諸勘定の締切り
④ 財務諸表の作成　　貸借対照表
　　　　　　　　　　損益計算書

2　決算予備手続

1　試算表の作成

　試算表とは、元帳の各勘定口座の残高または合計額を集めて作成した一覧表をいいます。

　試算表を作成する主な目的は、次の2つです。
　　① 　仕訳帳から元帳への転記が正しく行われたか否かを検証すること。
　　② 　精算表の作成などを行う準備のための表として利用すること。

2　試算表の種類と様式

　試算表には、合計試算表、残高試算表、合計残高試算表の3種類があります。

(1) 合計試算表

　合計試算表は、総勘定元帳の各勘定口座の借方合計と貸方合計を集計して作成します。貸借平均記入の原理を利用し、これにより元帳記入の正確性を検証するという機能を果たすと同時に、これは一定期間に行われた経営活動の総量を示すものです。

(2) 残高試算表

　残高試算表は、総勘定元帳の各勘定口座の残高を集計して作成します。これは、合計試算表と同じように元帳記入の正確性を検証するという機能を果たすと同時に、経営成績と財政状態の概要を示すものです。

(3) 合計残高試算表

　合計残高試算表は、合計試算表と残高試算表を1つにまとめたもので、両者の機能をあわせ持つものです。

合計残高試算表
平成○年3月31日

借　　方		勘定科目	貸　　方	
残　高	合　計		合　計	残　高

(4) 試算表の検証機能

　決算をできるだけ正確に行うためには、決算本手続に入る前に、それまでに行った仕訳帳 ──→ 元帳転記に誤りがなかったかどうかを検算してみる必要があります。

　なお、試算表の貸借が一致しない場合には、次の手順で調べる必要があります。

①　試算表の借方合計と貸方合計の計算に誤りがないかどうかを調べる。
②　元帳の各勘定の合計金額・残高と試算表の各合計金額・残高を照合する。
③　元帳の各勘定の合計金額と残高を検算する。
④　仕訳帳から元帳への転記が正しいか否かを調べる。
⑤　仕訳自体に誤りがないかを調べる。

(5) 補助元帳検証表

　補助元帳の記録の正確性の検証も、試算表による検証の時点で同時に、この検証表により行われます。

　たとえば、得意先元帳検証表の場合、統括勘定としての「完成工事未収入金」勘定の残高と、得意先元帳に開設されている個々の得意先の勘定口座の残高の合計額が一致しますと、得意先元帳の勘定記録は正確であると判断できます。

3　たな卸表の作成

　決算にあたって、元帳の各勘定記入が正しい実際在高と正しい費用、収益の額を示すように元帳の記入を修正・整理する手続を決算整理といい、このために行う仕訳を決算整理仕訳といいます。決算整理を必要とする事項を決算整理事項といい、この内容を一覧表に示した表がたな卸表と名付けられています。

　決算予備手続として作成されるたな卸表には、材料貯蔵品の実地たな卸（現品のたな卸）に基づく過不足修正、有価証券の評価、固定資産の減価償却、各種金銭債権に対する貸倒見込額の決定、未収未払・未経過の整理

等、帳簿修正を必要とする事項がすべて含まれます。

3　決算本手続

［1］　決算整理事項

　決算予備手続が完了しますと、たな卸表により総勘定元帳および補助帳簿の記録を修正しなければなりませんが、これを決算整理記入といいます。
　決算整理事項について、会計伝票を起票（仕訳記入）しますが、そのおもなものは次のとおりです。

(1)　評価損の計上

　有価証券の評価は原則として原価法によりますが、市場価格のある有価証券については低価法（簿価と時価とのうち低い方の額を採用する方法）を採用することもできます。この場合、有価証券の簿価と時価との差額を有価証券評価損として処理します。税法では「洗替低価法」のみ認められます。

(2)　減価償却費の計上

　有形固定資産の償却方法は、定率法と定額法とのいずれかを選択することができます。
　期首から期末まで引続き所有している資産については、期末帳簿価額または取得価額に償却率を乗じて当期の減価償却額を算出します。
　期中取得資産の減価償却額については、原則として月割計算により算出します。
　無形固定資産や長期前払費用については、取得価額を耐用年数で除した金額を毎年の償却額として、その帳簿価額から直接控除します。

(3)　完成工事未収入金の計上

　当期中に工事が完成し引渡しを完了した工事全体について最終総請負高（完成工事高）を確定し、未成工事受入金を完成工事高に振替えるとともに未成工事受入金との差額を完成工事未収入金に計上します。
　この完成工事高の確定と、次の完成工事原価を確定させることが建設業

の決算整理事項のうち最も重要な事項です。

(4) 未成工事支出金の繰越高

当期の完成工事高に対応する完成工事原価を確定させるため、次の処理をします。

① 工事未払金の計上

未計上の工事費を計上するとともに、機械等の修繕費などを引当計上する。

② 未収入金の計上

労災保険料還付未収額などを原価戻入処理により計上する。

③ 未収材料の計上

仮設材の回収、残材を原価戻入処理により計上する。

これらは、いったん未成工事支出金に計上した後の未成工事支出金残高のうち、当期の完成工事高に対応する部分を完成工事原価に振替えます。

(5) 管理部門における損益整理（損益の繰延・見越計算）

既計上の費用・収益のうち、次期以降の損益に属する部分を繰り延べるため、前払費用・長期前払費用を計上したり、前受収益を計上したりします。

また、当期に属する費用・収益で未計上の部分を計上するため、未払費用を計上したり、未収収益を計上したりします。

(6) 未精算勘定の整理

仮払金・仮受金は、できるだけ期末までに金額や内容を調査し、適当な勘定に振替えておかなければなりませんが、期末現在未精算のものを再度調査し、他の適当な科目で整理すべきものへ振替えます。

(7) 前期損益修正

完成工事未収入金計上過不足額のうち、経常的なものは完成工事高へ振替えます。

同様に、完成工事未払金計上過不足額のうち、経常的なものは、完成工事原価へ振替えます。いずれも異常なものは特別損益の前期損益修正益・前期損益修正損となります。

(8) 引当金の計上

完成工事補償引当金、工事損失引当金、退職給付引当金その他の引当金（会社計算規則第6条第2項第1号に規定する引当金）を計上します。

税法では段階的廃止となりましたが、従来どおり完成工事補償引当金および賞与引当金を計上します。

退職給与規程に準拠し、企業年金制度を加味して退職給付引当金を計上します。

(9) 原価差額の調整

前期から繰り越された未成工事原価差額を完成工事原価へ振替えます。

賞与・退職金の予定配賦額と引当金繰入額との過不足額を販売費及び一般管理費と原価差額に配分します。

原価差額は、少額の場合には全額完成工事原価に賦課してもよいのですが、一定基準を超えた場合には、原価差額を次の期中工事支出金割合による算式で調整します。

$$完成工事原価差額 = 原価差額 \times \frac{完成工事期中支出金}{全工事期中支出金}$$

(注)当期が原則ですが決算日程の都合により、継続適用を条件として、前期の工事期中支出金割合により算定することもできます。

なお、前期繰越原価差額と当期発生原価差額との合計額を、完成工事原価と期末未成工事支出金の構成比率により配賦することもできます。

$$完成工事原価差額 = 〔前期繰越原価差額 + 当期発生原価差額〕 \times \frac{完成工事原価}{完成工事原価 + 期末未成工事支出金}$$

(10) 補助部門費の収支差額

設計部門、機械部門、輸送部門の各補助部門費の収支差額についても原価差額の調整を行います。

設計部門では、設計料の予定配賦額（社内設計料）と実際部門費との差額を調整します。

機械部門では、仮設材料および工事機械等の社内使用料の予定配賦額と

実際部門費との差額を調整します。

　輸送部門では、社内振替運賃収入と実際部門費との差額を調整します。

　なお、主要材料の社内払出価額と実際原価との差額および自社製造にかかるPC版等の社内払出価額と実際原価との差額についても同様に調整します。

(11) **貸倒引当金の計上**

　税法に準拠して、貸倒処理にともなう貸倒引当金期末残高の取崩しを行います。次に、当期末の受取手形、完成工事未収入金その他の貸倒引当金対象一括債権に対する貸倒引当金および個別債権に対する貸倒引当金を計上します。不足分は繰入処理、超過分は戻入益となります。

(12) **1年基準による振替**

　長期借入金のうち1年以内に返済期限の到来するものを短期借入金勘定に振替えます。

　長期未払金のうち1年以内に支払期日の到来するものも、同様に未払金勘定に振替えます。

(13) **消費税等の処理**

　課税売上げにかかる消費税額から課税仕入れにかかる消費税額を控除して納付税額を算出します。プラスの場合、未払消費税として未払金勘定に計上します。マイナスの場合、消費税等が還付されますので、未収消費税として、営業外未収入金勘定に計上します。

　消費税等の会計処理として、税抜方式を採用する場合、課税売上割合が95％以上のときは全額期間費用処理できますが、課税売上割合が95％に満たないときは、個別対応方式、あるいは一括比例配分方式により控除対象外消費税を算出して、期間費用あるいは当該資産の取得原価として処理します。

　また、繰越工事の未成工事受入金等にかかる消費税預り額については、入金のつど、消費税等を区分する処理をしている場合、期末に預り金勘定に振替え、翌期首に仮受消費税に振戻すことになります。

(14) **未払法人税等の計上**

税引前当期利益に対する法人税、住民税および事業税のうち、未払額を未払法人税等として計上します。

(15) **繰延税金資産・繰延税金負債の計上**

税効果会計を適用する場合、決算日現在の税率で、(長期)繰延税金資産および繰延税金負債を計上し、それらの収支差額を法人税等調整額に計上します。

2 精算表

決算整理事項も日常の取引の場合と同様、仕訳帳または会計伝票に仕訳記入され、しかる後に総勘定元帳および補助元帳等への転記が行われます。しかし、これらの作業に先だって精算表を作成している企業も多いようです。

(1) 精算表の意義

決算手続は、試算表から始まって財務諸表の作成に至るまでの一連の作業から成り立っています。このような一連の作業を1つの試算表にまとめて行うため精算表を作成します。

精算表には、6桁精算表と8桁精算表があります。6桁精算表は、残高試算表、損益計算書および貸借対照表の3つの欄からなり、それぞれ借方金額欄と貸方金額欄をもつ初歩的な精算表です。

8桁精算表は、6桁精算表に決算整理記入欄を加えた精算表であり、残高試算表、整理記入、損益計算書、貸借対照表の各欄が設けられています。精算表は、決算手続の全体の流れを理解するのに役立ち、損益計算書と貸借対照表を作成するための基礎資料にもなります。

(8桁) 精 算 表

勘定科目	残高試算表		精算・整理記入		損益計算書		貸借対照表	
	借方	貸方	借方	貸方	借方	貸方	借方	貸方

(2) 8桁精算表の作成手続

8桁精算表による作成手続を次に説明します。
① 各勘定の残高を残高試算表欄に記入する。
② 決算整理仕訳を整理記入欄で行う。
　勘定科目の追加が必要な場合には、その科目を勘定科目欄に追加する。整理記入欄の合計額は当然貸借平均するので、その合計額でこの欄を締切る。
③ 各勘定科目について、残高試算表欄の金額と整理記入欄の金額を照合して、貸借同じ側にあるものを加算し、反対側にあるものは減算して、損益計算書勘定の科目は損益計算書欄に、貸借対照表勘定の科目は貸借対照表欄に移記する。
④ 損益計算書欄、貸借対照表欄の借方、貸方の金額を合計し、その差額を当期純利益または当期純損失として貸借平均するように記入する。
⑤ 各欄の借方・貸方の金額を合計して締切る。

③ 元帳の締切り

期中の取引は、仕訳帳、元帳および補助簿に記入されており、決算にあたってすべての帳簿を締切ります。なかでも元帳の締切りが中心であり、元帳において当期純損益が計算されます。

つまり、たな卸表に記載された決算整理事項に基づいて、決算整理仕訳を仕訳帳を通じて行い、総勘定元帳の関連する各口座に修正記入した後、すべての勘定口座を締切る手続を元帳の締切りといいます。元帳の締切りは次の順序で行います。

(1) 損益振替手続

期間損益を損益勘定に集計し、当期純損益を計算する手続が損益振替手続です。具体的には総勘定元帳に損益勘定（集合損益勘定）を設け、収益諸勘定の貸方差額を損益勘定の貸方に、費用諸勘定の借方差額を損益勘定の借方に振替え、損益勘定の貸借差額を当期純損益として計算します。

(2) 資本振替手続

　損益勘定は、収益・費用を集計し、この結果、総収益・総費用を計算し、両者の差額として当期純損益を算出します。この当期純損益を資本勘定に振替えるのが資本振替手続です。

　株式会社の資本金は増資・減資以外には変動しないので、資本に属する別の勘定を設けて処理することになります。

　すなわち、当期純利益が算出されますと、繰越利益剰余金勘定に振替え、当期純損失が算出されますと、繰越利益剰余金勘定に振替えます。

(3) 収益・費用勘定の締切り

　前記(1)と(2)の手続によって、収益勘定、費用勘定、損益勘定はいずれも借方合計と貸方合計が一致しますので、これらの勘定をすべて締切ります。

(4) 資産・負債・資本勘定の締切り

　資産の勘定は借方残高となっていますので、各勘定の貸方に「次期繰越」と赤字でその残高を記入し、貸借合計を一致させて締切ります。負債の勘定と資本の勘定は貸方残高となっていますので、各勘定の借方に「次期繰越」と赤字でその残高を記入し、貸借合計を一致させて締切ります。

4　英米式決算法

　前記3(1)～(4)の手続によって、元帳の各勘定の締切りはすべて完了します。

　次に、それらの繰越高を次年度の最初の日付で、赤記した「次期繰越」の反対側に「前期繰越」として黒記します。

　「次期繰越」「前期繰越」は、総勘定元帳の勘定口座に、仕訳をしないで直接記入されますので、勘定口座の「仕丁欄」には✓印を記入しておきます。このような締切方法を英米式決算法といいます。

　また、3(1)の損益振替と3(2)の資本振替仕訳は、決算整理記入の仕訳とともに、決算仕訳と呼ばれます。

5 仕訳帳の締切り

仕訳帳は、すべての営業取引（期中の取引）の仕訳記入を完了した段階で、いったん締切ります。この時点で集計される仕訳帳の借方合計と貸方合計は、合計試算表の借方合計と貸方合計に一致します。元帳の締切り後、決算仕訳の貸借を合計して仕訳帳を再び締めます。

6 繰越試算表の作成

資産・負債・純資産の各勘定を締切った後、各勘定の次期繰越高を集めて、繰越試算表を作成します。繰越試算表の借方合計と貸方合計が一致していますので、各勘定の次期繰越高の計算と記入が正しく行われたことが確認できます。

また、繰越試算表をもとに貸借対照表を作成することができます。

7 実務上の留意点

(1) 財産計算の総括

決算整理記入から繰越利益剰余金勘定までの総勘定元帳の記入が正しく行われたかどうかを検証するために、資産・負債・純資産の諸勘定の残高をもって試算表を作成することがあります。これを決算後試算表（決算整理後・帳簿締切り前残高試算表）といいます。

(2) 元帳の締切りと繰越し

資産・負債・純資産の諸勘定については、会計伝票を経由しないで、そのままそれぞれの勘定口座で貸借の差額を少ない側に赤記して締切りを行い、ついで、次期開始記入を翌期首付で赤記した金額と同額をもって赤記と反対側に黒記することとしていますが、実務では営業年度ごとに帳簿が更新される場合が多く、開始記入は新帳簿で行われるのが普通です。

(3) 繰越試算表の省略

開始記入にあたって繰越試算表を作成し、当期の諸勘定の残高が次期に正しく引き継がれたかどうかを検証する必要がありますが、実務では繰越

試算表を作成しないで、決算後試算表で間に合わせている場合も多いようです。

(4) 補助帳簿の締切り

補助帳簿について、販売費及び一般管理費元帳のように毎期末に締切るものがありますが、現金出納帳のように毎日または毎月末締切りが必要なものや、未成工事支出金元帳のように、その工事が完成するまで締切りが必要でないものもあります。

締切りが必要な補助簿の締切り・繰越しの方法は、前記の総勘定元帳の場合に準じて行います。

4 財務諸表の作成

1 簿記記録と誘導法

財務諸表は簿記記録から誘導的に作成します。つまり、すべての帳簿を締切り、繰越試算表を作成した後、損益計算書は損益勘定の借方、貸方の内訳によって作成し、貸借対照表は繰越試算表の借方、貸方の内訳により作成します。

2 組替仕訳

経営成績および財政状態等企業の状況についての報告なり伝達内容がどれほど正確であっても、その報告なり伝達方法が悪ければ、財務諸表の有用性は低下します。財務諸表を利用する人達が企業の状況について的確な判断が下せるように、経営成績および財政状態について全体の概観性と細部の詳細性が調和された財務諸表の作成が要請されるのはこのためです。

これに応えるため、総勘定元帳の開設科目をそのままの形で報告するのではなく、全体の概観性を配慮して科目の統合を行い、また細部の詳細性の観点から科目の細分を行います。これは「企業会計原則」で明瞭性の原則なり重要性の原則の要請として説明されます。

ここでいう科目の統合なり細分化の過程は財務諸表作成のための組替手

続であり、この組替仕訳は帳簿上の仕訳ではなく、組替表で行う仕訳です。このためには帳簿上の勘定科目と財務諸表上の勘定科目との関連を十分に把握しておくことが肝要です。

このようにして円単位の財務諸表を作成します。

3 外部提出財務諸表の作成

この円単位で作成された財務諸表を基にして、建設業法の省令様式に準拠した組替え、千円未満を四捨五入または切り捨てて表示し、建設業法上の財務諸表とします。

会社法上作成する財務諸表の表示にあたっては、会社計算規則第110条第2項により、有形固定資産のうち、建物・構築物などの減価償却資産を帳簿価額で表示し、減価償却累計額を一括注記することができます。また、貸借対照表を報告式としないで勘定式で表示したり、完成工事原価報告書は記載しないでよいことになっています。さらに、損益計算書の販売費及び一般管理費の科目を細分する科目の記載は省略できるなどの取扱いがなされています。

以上の決算手続を図示すれば、次のようになります。

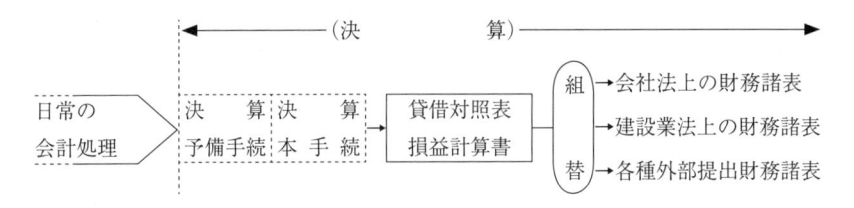

```
            ←―――――（決    算）―――――→
                                        ┌→会社法上の財務諸表
日常の  ┐ 決 算 │決 算 │貸借対照表  組│
会計処理 │予備手続│本 手 続│損益計算書  替├→建設業法上の財務諸表
                                        └→各種外部提出財務諸表
```

5 決算日程

企業の決算手続等のための日程は、法人と個人で、また法人の種類等によって相違しますが、その設定にあたっては、会社法、税法等の制約を考慮に入れる必要があります。

1 会社法上の規定

　取締役会設置会社においては、取締役は、定時株主総会の招集の通知に際して、法務省令で定めるところにより、株主に対し、会社法第436条第3項の決算承認取締役会の承認を受けた計算書類および事業報告を提供し、監査役・会計監査人の監査を受けたものについては、監査報告・会計監査報告を含めて提供しなければなりません。取締役会非設置会社であれば、総会招集通知に計算書類等の添付は不要で、総会当日に株主に提供すればよいことになります（会社法第437条）。

　旧商法・商法特例法に規定されていました次の株主総会を起算日とした計算書類等の提出期限はいずれも会社法では廃止されています。

　　小会社　総会の5週間前までに
　　中会社　総会の7週間前までに
　　大会社　総会の8週間前までに

　監査役、監査役会、会計監査人に提出すべきこととされていました。

　会社法では、決算日程に関する期間の規定については、監査役・監査役会・監査委員会・会計監査人の監査期間の確保に関する規定および招集通知の発送（発信）期限に関する規定のみになっており、定時株主総会の開催時期は、比較的柔軟に設定できるようになりました。

　計算書類の作成は、会社の規模によって異なりますが、一定の期間が必要です。

　監査の期間についても、大会社の場合は、監査役（会）の監査および会計監査人の監査が必要であるため、中小会社に比べてより長い期間が必要です。

　株主総会の招集通知は、株主総会の2週間前（公開会社でない株式会社の場合は、1週間前）までに発しなければならないとされているため、発送日（または発信日）と定時株主総会の日の間にまるまる2週間（または1週間もしくはそれを下回る日）を確保する必要が生じます。

　計算書類の作成期間および監査の期間次第では、定時株主総会の開催は、

従来より早期化できる余地が生じます。

　監査役または会計監査人については、会社法においても、旧法とほぼ実質的に同様の規定が定められています。すなわち、会計監査報告を①計算書類の全部を受領した日から4週間を経過した日、②附属明細書を受領した日から1週間を経過した日、③*特定取締役、*特定監査役および会計監査人の間で合意により定めた日があるときは、その日、以上①から③の日のいずれか遅い日までに提出しなければなりません。

　また、監査役は、監査報告を①会計監査報告を受領した日から1週間を経過した日、②特定取締役および特定監査役の間で合意により定めた日があるときは、その日、以上①および②のうちいずれか遅い日までに提出しなければなりません。

　ただし、監査報告の提出期限に係る規定であり、必要と考えられる監査期間は会社によって当然に異なります。

＊特定取締役
　特定取締役とは、会計監査報告の内容の通知を受ける者と定めた場合は、当該通知を受ける者として定められた者、それ以外の場合は、監査を受けるべき計算関係書類の作成に関する職務を行った取締役および執行役をいいます（会社計算規則第152条第4項）。

＊特定監査役
　特定監査役とは、会計監査報告の内容の通知を受ける監査役を定めた場合は、当該通知を受ける監査役として定められた監査役、定めていないときはすべての監査役とします（同条第5項）。

決　算　日　程

会計監査人の有無	計算書類及びその附属明細書			連結計算書類
	有	無	無	有
監査役の有無	有	有	無	有

決算日
決算書類作成

- （取）が（会）（監）へ計算書類の提供
- （取）が（監）へ計算書類の提供
- （取）が（会）（監）へ連結計算書類の提供

4週間※1／4週間※4／4週間※6

- （取）が（会）（監）へ附属明細書の提供
- （取）が（監）へ附属明細書の提供

1週間※2／1週間※5／1週間※7

- （会）が（特取）（特監）へ会計監査報告の内容等の通知（注1）
- （特監）が（特取）へ監査報告の内容の通知（注3）
- （会）が（特取）へ会計監査報告の内容の通知等（注4）

1週間※3／1週間※7

- （特監）が（特取）（会）へ監査報告の内容の通知（注2）
- （特監）が（特取）（会）へ監査報告の内容の通知（注5）

- 取締役会設置会社は、取締役会の承認（注6）
- 取締役会設置会社は、取締役会の承認（注6）
- 取締役会設置会社は、取締役会の承認（注6）
- 取締役会設置会社は、取締役会の承認（注7）

定時株主総会の招集
公開会社：2週間
非公開会社：1週間（取締役会非設置会社は定款の定めで短縮可能）
ただし、書面または電磁的方法による議決権行使が可能である場合は2週間

定時株主総会

［略語］（取）＝取締役、（特取）＝特定取締役、（監）＝監査役会または監査役、（特監）＝特定監査役、（会）＝会計監査人

（注）1．※1、※2の日または、「特定取締役、特定監査役及び会計監査人の間で合意した日」のいずれか遅い日が通知期限
2．※3の日または「特定取締役及び特定監査役の間で合意した日」のいずれか遅い日が通知期限
3．※4、※5の日または、「特定取締役及び特定監査役が合意した日」のいずれか遅い日が通知期限
4．※6の日が原則だが、「特定取締役、特定監査役及び会計監査人の間で合意した日」があればその日が通知期限
5．※7の日が原則だが、「特定取締役及び特定監査役の間で合意した日」があればその日が通知期限
6．取締役会設置会社は、定時株主総会の招集に際し、株主に対して計算書類（監査報告及び会計監査報告を含む。）を提供しなければならない
7．取締役会設置会社は、定時株主総会の招集に際し、株主に対して連結計算書類（監査報告及び会計監査報告の提供を定めた場合はそれらを含む。）を提供しなければならない

2 税法上の規定

　法人税の確定申告は、事業年度終了の翌日から2か月以内となっていますが（法人税法第74条）、会計監査人の監査を受けなければならないことその他これに類する理由によって、2か月以内に確定申告書を提出できない場合には、税務署長の承認を受けて申告期限を1か月延長できます（法人税法第75条の2）。この場合も2か月以内に見込納付をする必要があります。また見込納付額と確定申告額とに差異が生じたときは、住民税（都道府県民税および市町村民税）の法人税割の計算に二重の手間を要しますので、見込納付期限である2か月以内に申告額を確定しておくことが望ましいでしょう。したがって、税務申告書の基礎データとなる正確な財務諸表が、決算日後50～55日程度以内に作成できるよう決算日程を設定する必要があります。

　なお、確定申告書の提出期限の延長の理由である「その他これに類する理由」とは、決算日後3か月目に定時株主総会を開催する旨を定款に定めている場合等をいうものとされています。

　個人事業者の場合には、毎年2月16日から3月15日までに、前年度分の事業所得について確定申告をすることになっていますので、その作成に間に合うように決算日程を組む必要があります。

6　監査役の監査報告書

1 監査報告書の提出

　監査役は、毎決算期に貸借対照表、損益計算書、株主資本等変動計算書、注記表（以下、計算書類という。）および附属明細書（以下、計算関係書類という。）ならびに事業報告およびその附属明細書（以下、事業報告等という。）について監査を行い、その結果を監査報告書として作成して、取締役会に提出しなければなりません。

2 監査報告書のひな型

以下、参考のために日本監査役協会が作成した監査報告書のひな型を示すと次のとおりです。

監査報告のひな型について

社団法人　日本監査役協会

平成 6 年 4 月 6 日制定
平成 6 年10月31日改正
平成14年 6 月13日改正
平成16年 9 月28日改正
平成18年 9 月28日改正

1　このひな型（以下、「本ひな型」という。）は、監査役又は監査役会が会社法に定める監査報告を作成する際の参考に供する目的で、その様式、用語等を示すものである。なお、法令上は「監査報告」であるが、実務における慣行に則って本ひな型は「監査報告書」と表記している。もちろん「監査報告」と表示することもできる。

　　本来、監査報告は、各社の監査の実状に基づいて作成するものである。監査役又は監査役会には、会社法、会社法施行規則及び会社計算規則等に従い、監査の実態を正確に反映するように作成することが強く期待される。当協会が定める「監査役監査基準」の考え方を積極的に取り込んだ監査を実施し、かつ、それを監査報告に反映する場合等の記載方法については、「注記」に記載事例として数多く取り入れているので、これらを前向きに参考にされたい。

2　監査役又は監査役会が作成する監査報告については、法令上、事業報告及びその附属明細書（以下、「事業報告等」という。）に係る監査報告と計算関係書類に係る監査報告の作成について、それぞれ別個の規定が設けられている。しかし、監査役又は監査役会による監査は、事業報告等に係る監査と計算関係書類に係る監査とが相互に密接に関係しており、かつ、多くの共通性を有している。そのため、本ひな型では、「事業報告等に係る監査報告」、「各事業年度に係る計算書類及びその附属明細書（以下、「計算書類等」という。）に係る監査報告」、及び「連結計算書類に係る監査報告」のすべてを一体化して作成する

形を基本的な作成方法として採用することとした。なお、法令上、事業報告等については監査役（会）による監査期間として4週間が確保されているのに対して、計算関係書類については会計監査人による監査期間として4週間が確保され、その後に監査役会による監査期間が1週間存在している。そのため、本ひな型のとおり上記3つの監査報告のすべてを一体化して作成する場合には、必要に応じて、特定取締役との間の合意により、事業報告等に係る監査の期間を伸長すべき場合があることに留意されたい。

　監査役（会）監査報告の作成方法については、このほか、「事業報告等に係る監査報告」と「計算書類等に係る監査報告」を一体化して作成し、別途「連結計算書類に係る監査報告」を作成する方法のほか、「事業報告等に係る監査報告」を独立して作成し、別途「計算書類等に係る監査報告」及び「連結計算書類に係る監査報告」を一体化して作成することや、これら3つの監査報告をすべて別々に作成することも可能である。

　そのため、本ひな型では、「すべてを一体化して作成する形」を基本的な作成方法として採用しつつも、連結計算書類に係る監査報告を別途独立して作成する方法を選択しようとする会社や、そもそも連結計算書類を作成することを要しない会社等に対応するため、そうした場合の対応方法を注記を付して説明したほか、連結計算書類に係る監査報告を別途独立して作成する場合の記載例を「参考資料」として示すこととした。

3　監査役会設置会社の場合、監査報告は、各監査役が監査報告を作成した後、これらの内容をとりまとめる形で監査役会としての監査報告を作成し、株主に対して提供される（ただし、各監査役が作成した監査報告についても、備置・閲覧の対象になる。）。本ひな型では、各監査役と監査役会がそれぞれ監査報告を作成するという法律の趣旨に照らし、各監査役についても、各自の監査報告を作成する形を採用し、常勤の監査役の場合と非常勤の監査役の場合のひな型を示している。

　なお、監査役会の監査報告と各監査役の監査報告を1通にまとめて監査報告を作成することもかまわないと解されている。1通にまとめる場合、各監査役の監査の範囲・方法・内容等が明示されていることが望ましい。

　監査役会が設置されない会社の場合には、各監査役が監査報告を作成するこ

とに変わりないが、株主に対して提供される監査報告については、各監査役の監査報告を提供する方法に代えて、各監査役の監査報告をとりまとめた1つの監査報告を作成し、これを提供することも可能である。本ひな型はこの形を示している。

4　監査報告における「監査の方法及びその内容」については、監査の信頼性を正確に判断できるように配慮しながら、監査役が実際に行った監査の方法について明瞭かつ簡潔に記載しなければならない。本ひな型では、通常実施されていると思われる方法及びその内容を示している。ただし、「監査の方法及びその内容」は、各社の組織、内部統制システム等の整備状況、監査役の職務分担の違い等により多様なものとなることが予想される。本ひな型では、多様な記載が予想される該当箇所に注記を付し、適宜解説を加えているので、それら注記等を参考として監査報告を作成されたい。

　　監査報告は監査役の善管注意義務の履行を前提として作成されるものであることはいうまでもない。監査役は、当該義務を果たしたことを裏付けるために、監査の基準を明確にし、監査の記録・監査役会の議事録等を整備しておかなければならない。

5　監査役会が監査報告を作成する場合には、監査役会は、1回以上、会議を開催する方法又は情報の送受信により同時に意見の交換をすることができる方法により、監査役会監査報告の内容を審議しなければならない。

6　本ひな型は、取締役会設置会社を対象としている。取締役会を設置しない機関設計の会社の場合等には、本ひな型を参考として監査報告を作成されたい。

7　（略）

機関設計が「取締役会＋監査役」の会社の場合

　　　　　　　　　　　　　　　　　　　平成○年○月○日
○○○○株式会社
代表取締役社長○○○○殿
　　　　　　　　　　　　　常勤監査役　　○○○○印
　　　　　　　　　　　　　監査役　　　　○○○○印

　　　　　　　監査報告書の提出について
　私たち監査役は、会社法第381条第1項の規定に基づき監査報告書を作成しましたので、別紙のとおり（注1）提出いたします。
　　　　　　　　　　　　　　　　　　　　　以　　上

　　　　　　　　　監　査　報　告　書
　私たち監査役は、平成○年○月○日から平成○年○月○日までの第○○期事業年度の取締役の職務の執行を監査いたしました。その方法及び結果につき以下のとおり報告いたします。
　1．監査の方法及びその内容（注イ）
　各監査役は、取締役及び使用人等と意思疎通を図り、情報の収集及び監査の環境の整備に努めるとともに（注3）、取締役会その他重要な会議に出席し、取締役及び使用人等からその職務の執行状況について報告を受け（注4）、必要に応じて説明を求め、重要な決裁書類等を閲覧し、本社及び主要な事業所において業務及び財産の状況を調査いたしました。子会社については、子会社の取締役及び監査役等と意思疎通及び情報の交換を図り、必要に応じて子会社から事業の報告を受けました（注5）。以上の方法に基づき、当該事業年度に係る事業報告及びその附属明細書について検討いたしました。
　さらに、会計帳簿又はこれに関する資料の調査を払い、当該事

業年度に係る計算書類（貸借対照表、損益計算書、株主資本等変動計算書及び個別注記表（注6））及びその附属明細書について検討いたしました。

2．監査の結果（注7）
 (1) 事業報告等の監査結果
　　一　事業報告及びその附属明細書は、法令及び定款に従い、会社の状況を正しく示しているものと認めます。
　　二　取締役の職務の執行（注8）に関する不正の行為又は法令もしくは定款に違反する重大な事実は認められません。（注9）
 (2) 計算書類及びその附属明細書の監査結果
　　計算書類及びその附属明細書は、会社の財産及び損益の状況をすべての重要な点において適正に表示しているものと認めます。

3．追記情報（記載すべき事項がある場合）（注ロ）
　　　　　　平成〇年〇月〇日
　　　　　　　〇〇〇〇株式会社
　　　　　　　　常勤監査役（注ハ）〇〇〇〇印
　　　　　　　　監査役　　　　　　〇〇〇〇印
　　　　　　　　　　　　　（自　署）（注10）

（注イ）　注2を参照。なお、会計監査人設置会社以外の会社の監査役には、みずから主体的に会計監査を行うことが要請される。当期における特別の監査事項がある場合には、とくにその監査の方法及びその内容を記載すべきである。
（注ロ）　次に掲げる事項その他の事項のうち、監査役の判断に関して説明を付す必要がある事項又は計算書類及びその附属明細書の内容のう

ち強調する必要がある事項については、追記情報として記載する（会社計算規則第150条第1項第4号及び第2項）。
　　　① 正当な理由による会計方針の変更
　　　② 重要な偶発事象
　　　③ 重要な後発事象
(注ハ)　監査役の常勤制は義務付けられていないが、望ましい姿として、常勤体制を示している。なお、常勤の監査役の表示は、「監査役（常勤）○○○○」とすることも考えられる。

(注1)　本送り状は、監査報告書を書面により提出した場合を想定したものである。監査報告書を電磁的方法により特定取締役に対して通知する場合などにおいては、「別紙のとおり」とあるのを「別添のとおり」など所要の修正を行うことになる。
(注2)　「1．監査役及び監査役会の監査の方法及びその内容」に関し、旧商法では監査の方法の「概要」の記載が求められていたが、会社法では「概要」ではなく、実際に行った監査について、より具体的な方法・内容の記載を要することに留意すべきである（会社法施行規則第129条第1項第1号、会社計算規則第156条第2項第1号ほか）。その意味で、さらに具体的に記載するならば、当期における特別の監査事項がある場合、例えば、監査上の重要課題として設定し重点をおいて実施した監査項目（重点監査項目）がある場合には、「監査役会は、監査の方針、職務の分担等を定め、○○○○を重点監査項目として設定し、各監査役から・・・」などと記載することが望ましい。
(注3)　会社法施行規則第105条第2項及び第4項参照。会社に親会社がある場合には、「・・・取締役、内部監査部門その他の使用人、親会社の監査役その他の者と意思疎通を図り、・・・」とすることが考えられる。
(注4)　会社法施行規則第100条第3項第3号により取締役会において決

議されている「取締役及び使用人が監査役に報告をするための体制その他の監査役への報告に関する体制」に基づいて、監査役が報告を受けた事項について言及している。監査の態様によっては、「取締役及び使用人等からその職務の執行状況について報告を受け・・・」の「使用人」の箇所を「内部監査部門」等と明記することも考えられる。

(注5) 子会社の取締役及び監査役等との意思疎通及び情報交換については、会社法施行規則第105条第2項及び第4項参照。

なお、会社法第381条第3項に定める子会社に対する業務・財産状況調査権を行使した場合には、「・・・子会社に対し事業の報告を求め、その業務及び財産の状況を調査いたしました。」などと記載することが考えられる。

(注6) 「個別注記表」を独立した資料として作成していない場合には、「・・・当該事業年度に係る計算書類(貸借対照表、損益計算書及び株主資本等変動計算書)及びその附属明細書・・・」と記載する。「連結注記表」についても同様である(会社計算規則第89条第3項参照)。

(注7) 「監査の結果」の項に関して指摘すべき事項がある場合には、その旨とその事実について明瞭かつ簡潔に記載する。なお、監査のために必要な調査ができなかったときは、その旨及びその理由を該当する項に記載する。

「監査の結果」の記載にあたっては、継続企業の前提に係る事象又は状況、重大な事故又は損害、重大な係争事件など、会社の状況に関する重要な事実がある場合には、事業報告などの記載を確認のうえ、監査報告書に記載すべきかを検討し、必要あると認めた場合には記載するものとする。

(注8) 「職務の執行」の箇所は、法令上の文言に従って「職務の遂行」と記載することも考えられる(会社法施行規則第130条第2項第2号及び第129条第1項第3号参照)。本ひな型は「職務の執行」で用

語を統一している。
(注9) 取締役の職務の執行に関する不正の行為又は法令もしくは定款に違反する重大な事実を認めた場合には、その事実を具体的に記載する。
(注10) 監査報告書の真実性及び監査の信頼性を確保するためにも、各監査役は自署した上で押印することが望ましい。なお、監査報告書を電磁的記録により作成した場合には、各監査役は電子署名する。

③ 監査報告の内容

　監査役は、取締役の職務の執行を監査することになっています。この場合、監査役は法務省令で定めるところにより、監査報告を作成しなければならないとされています（会社法第381条第1項）。
　監査報告の内容については、①会計監査人設置会社以外の株式会社における監査の場合と、②会計監査人設置会社における監査の場合に分けて定められています（会社計算規則第150条第1項）。
　また、監査役は、事業報告およびその附属明細書を受領したときは、別に定める事項を内容とする監査報告を作成しなければなりません（会社法施行規則第129条）。

④ 監査報告書の開示

　株式会社は、各事業年度に係る計算書類および事業報告ならびにこれらの附属明細書、監査役設置会社にあっては監査報告を含めて、定時株主総会の日の1週間（取締役会設置会社にあっては、2週間）前の日から5年間、本店に備え置き、株主および債権者から請求があれば閲覧と、謄本または抄本の交付をしなければなりません。

⑤ 監査報告書の記載事項

(1) 会計監査人設置会社以外の株式会社における監査役の監査報告の内容
　① 監査役の監査の方法およびその内容

②　計算関係書類が当該株式会社の財産および損益の状況をすべての重要な点において適正に表示しているかどうかについての意見
　③　監査のため必要な調査ができないときは、その旨およびその理由
　④　追記情報
　⑤　監査報告を作成した日

　なお、「追記情報」とは、次に掲げる事項その他の事項のうち、監査役の判断に関して説明を付す必要がある事項または計算関係書類の内容のうち強調する必要がある事項です（同条第2項）。

　追記事項
　①　正当な理由による会計方針の変更
　②　重要な偶発事象
　③　重要な後発事象

(2)　会計監査人設置会社における監査役の監査報告の内容
　①　監査役の監査の方法およびその内容
　②　会計監査人の監査の方法または結果を相当でないと認めたときは、その旨およびその理由（会計監査人が会計報告の内容の通知をすべき日までに通知をしない場合は、会計監査報告を受領していない旨）
　③　重要な後発事象（会計監査報告の内容となっているものを除く。）
　④　会計監査人の職務の遂行が適正に実施されることを確保するための体制に関する事項
　⑤　監査のために必要な調査ができなかったときは、その旨およびその理由
　⑥　監査報告を作成した日

(3)　事業報告の監査報告の内容
　①　監査役の監査（計算関係書類に係るものを除く。以下同じ。）の方法およびその内容
　②　事業報告およびその附属明細書が法令または定款に従い当該株式会社の状況を正しく示しているかどうかについての意見
　③　当該株式会社の取締役の職務の遂行に関し、不正の行為または法令

もしくは定款に違反する重大なる事実があったときは、その事実
④　監査のために必要な調査ができなかったときは、その旨およびその理由
⑤　会社法施行規則第118条第2号に掲げる事項（内部統制システムの体制の整備に関する決定または決議の内容。ただし、監査の範囲に属さないものを除く。）がある場合において相当でないと認めるときは、その旨およびその理由
⑥　会社法施行規則第127条に規定する事項（買収防衛策に関する基本方針）が事業報告の内容となっているときは、当該事項についての意見
⑦　監査報告を作成した日

第9章　株式会社以外の財務諸表

1　建設業法施行規則の定め

　建設業法第6条（変更等の届出）第2項の国土交通省令で定める書類、法施行規則第10条（毎事業年度経過後に届出を必要とする書類）第1項第1号によれば、株式会社以外の法人である場合においては、別記様式第15号から第17号の2までによる貸借対照表、損益計算書、株主資本等変動計算書および注記表を、国土交通大臣または都道府県知事に提出しなければならないとされています。

＊小会社および＊特例有限会社である場合においてはこれらの書類および事業報告を提出します。

　　株式会社（小会社および特例有限会社を除く。）である場合においては

＊小会社（建設業法施行規則第4条第7号）
　「資本金の額が1億円以下であり、かつ、最終事業年度に係る貸借対照表の負債の部に計上した額の合計額が200億円以下でない株式会社をいう。以下同じ。」の規定を第10条第1項第1号で受けています。
　株式会社である建設会社については、事業報告も提出しなければなりませんが、株式会社以外の法人については、事業報告の作成は、会社法上規定がないことから建設業法上も不要となります。
　個人である場合においては、別記様式第18号および第19号による貸借対照表および損益計算書を提出します。
＊特例有限会社
　同施行規則第4条第7号
　整備法（会社法の施行に伴う関係法律の整備等に関する法律（平成17年法律第87号）第3条第2項に規定する特例会社を除く。以下同じ。）により、同規則第10条第1項第1号にもこの除外規定が適用されます。

別記様式第15号から第17号の2までによる貸借対照表、損益計算書、株主資本等変動計算書、注記表および附属明細書ならびに事業報告を提出します。

2 特例有限会社の作成する財務諸表

平成18年5月に会社法が施行されました。会社法では、有限会社法が廃止され、新たに有限会社を設立することはできなくなりました。既に設立されている有限会社は、「会社法の施行に伴う関係法律の整備等に関する法律」（整備法）により、特例有限会社（会社法上は株式会社であり、有限会社という商号を使用し、かつ、実質的に従来の有限会社法での取扱いと同様の取扱いがなされるもの）として存続することとなりました。

旧有限会社法の規定の読替え等の規定が、次のように整備法第44条で示されています。

旧有限会社法中「社員」とあるのは「株主」と、「社員総会」とあるのは「株主総会」と、「社員名簿」とあるのは「株主名簿」とするほか、必要な技術的読替えは、法務省令で定めるとされています。

別記様式第15号から第17号の2および事業報告までの財務諸表を作成することになりますが、株式会社の機関別で、「株主総会＋取締役」の型式で様式を当てはめ、様式第17号の3附属明細表の作成については、小会社と同様、作成の必要はありません。

3 持分会社の計算書類

合名会社、合資会社または合同会社を総称して、「持分会社」というとされています（会社法第575条）。

持分会社は各事業年度に係る計算書類を作成しなければなりません。計算書類は、①貸借対照表、②損益計算書、③社員資本等変動計算書、④個別注記表の4つとされていますが、合名・合資会社にあっては、②③④の作成は義務でないとされています（会社計算規則第103条）。

事業報告および附属明細書の作成は規定されていません。

4 持分会社の建設業法の別記様式の適用について

(1) 様式第15号貸借対照表の記載要領18で次の規定があります。

持分会社である場合において、「株主資本」とあるのは、「社員資本」と、「新株式申入証拠金」とあるのは、「出資申込証拠金」として記載することとし、資本剰余金および利益剰余金については、「準備金」と「その他」に区分しての記載を要しない。

(2) 様式第16号損益計算書については、合名・合資会社とも作成義務があります。

(3) 様式第17号「株主資本等変動計算書」とあるのは「社員資本等変動計算書」と、「株主資本」とあるのは「社員資本」として記載します。

(4) 様式第17号の2注記表の記載要領1の記載を要する注記は、持分会社には、「2　重要な会計方針」と「12　その他」の2つのみとされています。

5 中小企業の会計に関する指針

1 指針作成の経緯

旧商法では、計算書類の作成に関して、総則の商業帳簿の規定と、株式会社の計算の規定に定められているほかは、旧商法第32条第2項において「公正ナル会計慣行ヲ斟酌スベシ」とされていたものの、中小企業が適用することができる「公正なる会計慣行」とは何かが十分には明確になっていないと指摘されていました。そこで、中小企業が、資金調達先の多様化や取引先の拡大等も見据えて、会計の質の向上を図る取組みを促進するため、平成14年6月に中小企業庁が、「中小企業の会計に関する研究会報告書」を発表しました。また、これに呼応して、平成14年12月に日本税理士連合会が「中小会社会計基準」を、平成15年6月に日本公認会計士協会が「中小会社の会計のあり方に関する研究報告」をそれぞれまとめ、その普及を図ってきました。「中小企業の会計に関する指針」は、これら3つの報告を統合するものとして、日本公認会計士協会、日本税理士会連合会、

日本商工会議所、企業会計基準委員会の4団体名で平成17年8月に公表されました。

2　平成18年の改正

その後、新たな会計基準の公表や会社法と関係法務省令が公布されたことから、それらへの対応を図る改正が行われました。貸借対照表の純資産の部の表示、株主資本等変動計算書、注記表および組織再編会計への対応のほか、引用条文の訂正も行っています。

主な改正事項は次のとおりです。

(1) 純資産の部

「貸借対照表の純資産の部の表示に関する会計基準」（企業会計基準第5号）に対応させ、従来の「資本の部」を「純資産の部」とし、その区分方法の見直しを行いました（67～70項）。

(2) 株主資本等変動計算書、注記表

会社法において導入された「株主資本等変動計算書」および「注記表」に対応（71・82項）しました。

(3) 役員賞与

「役員賞与に関する会計基準」（企業会計基準第4号）に対応する形で、役員賞与を費用処理することを規定しています（51項）。

(4) 圧縮記帳

役員賞与と同様に、従来、利益処分により行われてきた圧縮記帳についても見直しを行っています（35項）。

(5) 企業結合・事業分離

組織再編を行った場合の会計処理として、企業結合会計基準および事業分離会計基準の考え方を取り入れ、企業会計上の分離等により会計処理を行うこととしています（80・81項）。

前述の4団体は、平成18年4月25日付けで「中小企業会計指針」の改正を公表しました。

3　今回の改正

平成18年4月の改正後に企業会計基準委員会から公表された会計基準等

のうち、企業会計基準第10号「金融商品に関する会計基準」や実務対応報告第19号「繰延資産の会計処理に関する当面の取扱い」に対応した改正となっています。

(1) 金銭債権・債務に「償却原価法」が適用

金融商品会計基準（企業会計基準第10号）への対応では、金銭債権と金銭債務に「償却原価法」を適用することとされました。

具体的には、金銭債権の取得原価が債権金額と異なる場合において、「取得原価と債権金額との差額の性格が金利の調整と認められるときは、償却原価法に基づいて算定された金額とする」とされました。

また、金銭債務の貸借対照表価額について、「払込みを受けた金額が債務額と異なる社債は、償却原価法に基づいて算定された価額をもって貸借対照表価額とする」としています。

(2) 繰延資産の範囲を見直し

「繰延資産の会計処理に関する当面の取扱い」（実務対応報告第19号）に対応した改正も行われています。すなわち、①創立費、②開発費、③開業費、④株式交付費、⑤社債発行費（新株予約権の発行に係る費用を含む。）の５つを繰延資産としています。

これに対応し、償却額・償却期間について、「株式交付費及び新株予約権発行費用は発行３年内、社債発行費は社債償還期間」とされました。

(3) 減価償却制度

平成19年度税制改正により減価償却制度が見直されたことへの対応について検討されましたが、文言修正を行わなくても対応できることなどから、改正は見送られました。

4 指針の適用対象

指針の適用対象は、次の(1)および(2)を除く株式会社とします。

(1) 証券取引法の適用を受ける会社ならびにその子会社および関連会社
(2) 会計監査人を設置する会社（大会社以外で任意で会計監査人を設置する株式会社を含む。）およびその子会社

これらの株式会社は、公認会計士または監査法人の監査を受けるため、

会計基準に基づき計算書類（財務諸表）を作成することから、指針の適用対象外とされました。

特例有限会社、合名会社、合資会社または合同会社についても、計算書類を作成するに当たり、指針によることが望ましいとされています。

この指針の適用対象となる会社を中小企業といいます。

6　個人事業者の財務諸表

個人企業が作成すべき決算財務諸表について、商法は貸借対照表に限定していますが（商法第19条）、建設業者の場合には、建設業法施行規則に基づいて、貸借対照表（様式第18号）および損益計算書（様式第19号）を作成しなければなりません。

複式簿記制度の採用を前提とすれば、個人建設業者の貸借対照表、損益計算書および勘定明細表の作成方法は、法人の場合に準じますが、貸借対照表および損益計算書の省令様式について、留意点をあげれば次のとおりです。

1　貸借対照表

(1)　流動資産

短期貸付金および前払費用は、区分表示されていませんので、「その他」に含めて記載します。なお、「その他」に属する資産で、その金額が資産の総額の1/100を超えるものについては、当該資産を明示する科目をもって記載します。

(2)　固定資産

固定資産には有形固定資産、無形固定資産および投資その他の資産の区分がありませんので、「その他有形固定資産」、無形固定資産および投資その他の資産は「その他」に含めて記載します。なお、「その他」に属する資産で、金額が資産の総額の1/100を超えるものについては、当該資産を明示する科目をもって記載します。

(3)　流動負債

未払費用および前受収益は、区分表示されていませんので、「その他」に含めて記載します。なお「その他」に属する負債で、その金額が負債純資産の総額の1/100を超えるものについては、当該負債を明示する科目をもって記載します。

(4) 固定負債

・・・引当金の科目については、区分表示されていませんので、「その他」に含めて記載します。なお「その他」に属する負債で、その金額が負債純資産の総額の1/100を超えるものについては、当該負債を明示する科目をもって記載します。

(5) 純資産の部

個人企業のため、法人の場合と異なって、期首資本金、事業主借勘定、事業主貸勘定（△表示）、事業主利益（事業主損失）および純資産合計を記載します。

　(注)純資産の部の内訳科目の内容は次のとおりです（記載要領2）。
　　期首資本金――――――前期末の資本合計
　　事業主借勘定―――――事業主が事業外資金から事業のために借りたもの
　　事業主貸勘定―――――事業主が営業の資金から家事費等に充当したもの
　　事業主利益（事業主損失）――損益計算書の事業主利益（事業主損失）

(6) 注記

消費税等に相当する額の会計処理の方法の注記が必要です。

2 損益計算書

(1) 営業損益

① 完成工事原価の内訳として、材料費、労務費（うち労務外注費）、外注費および経費の金額を記載します。

② 個人企業ですので、販売費及び一般管理費に属する役員報酬、研究費および開発費償却は存在しません。

また、調査研究費、貸倒引当金繰入額および貸倒損失は、区分表示されていませんので、「雑費」に含めて記載します。なお、雑費に属する費用で、販売費及び一般管理費の総額の1/10を超えるものについては、それ

それ当該費用を明示する科目をもって掲記します。

なお、平成11年3月勘定科目の分類が改正され、販売費及び一般管理費、租税公課のうち、「事業税で利益に関連する金額を課税標準として課されるものを除く」こととされましたが、株式会社のように税効果会計の適用がありませんので、事業税は従来どおり、これに含め、税法どおり支出時の費用処理で差し支えないものと思われます。

(2) **営業外損益**

営業外収益に属する有価証券利息および有価証券売却益は、区分表示されていませんので、「雑収入」に含めて記載します。なお、雑収入に属する費用で、営業外収益の総額の1/10を超えるものについては、それぞれ当該収益を明示する科目をもって掲記します。

また、貸倒引当金繰入額、貸倒損失、有価証券売却損および有価証券評価損の科目については、区分表示されていませんので、「雑支出」に含めて記載します。

なお、雑支出に属する費用で、営業外費用の総額の1/10を超えるものについては、それぞれ当該費用を明示する科目をもって掲記します。

(3) **事業主利益（事業主損失）**

営業利益（営業損失）に、営業外損益を加減した金額を事業主利益（事業主損失）——法人の場合の経常利益（経常損失）にあたります——として記載します。

(4) **注記**

工事進行基準による完成工事高が完成工事高の総額の1/10を超える場合の注記が必要です。

7　個人事業者の青色申告

(1) **青色申告**

事業所得、不動産所得または山林所得を生ずべき業務を営んでいる人は、所得税法の定めるところに従って一定の帳簿書類を備え付け、納税地の税務署長に青色申告の承認申請をして、その承認を受けます。

(2) 青色申告者の備え付け帳簿書類

　青色申告者は、帳簿書類を備えて日々の取引を正確に記録しなければなりませんが、備え付け帳簿の種類は、規模の大小によって次のように定められています（法人税法施行規則第56条、昭和42年8月31日付大蔵省告示第112号）。

　① 正規の簿記で記帳する人

　　所得の金額を正確に計算できるように、仕訳帳、総勘定元帳、その他必要な帳簿書類を備えて、すべての取引を正規の簿記の原則（複式簿記）によって、整然と、かつ、明瞭に記帳することを原則としています。

　　しかし、事業規模によって次の②③によることもできます。

　② 簡易帳簿で記帳できる人

　　次のような帳簿を備えて、簡易な記帳をするだけでよいことになっています。決算にあたって貸借対照表を作成しなくてもよいことになっています。

　　　イ　現金出納帳
　　　ロ　売掛帳
　　　ハ　買掛帳
　　　ニ　経費帳
　　　ホ　固定資産台帳

　③ 現金式簡易帳簿で記帳できる人

　　前々年分の事業所得と不動産所得の金額（青色事業専従者給与を控除する前の金額）の合計額が300万円以下の小規模事業者は、収入および費用の帰属時期の特例（現金主義による所得計算）の適用の承認を受けることによって、現金収支を中心とする簡易な帳簿（②イ、ホ）のみを記帳すればよいことになります。

(3) 帳簿書類の保存

　青色申告者は、次に掲げる帳簿および書類を整理して、7年間保存しなければなりません（法人税法第148条、同施行規則第63条）。

　① 仕訳帳、総勘定元帳その他必要な帳簿

② たな卸表、貸借対照表および損益計算書ならびに計算、整理または決算に関して作成されたその他の書類
③ 取引に関して相手方から受け取った注文書、契約書、送り状、領収書、見積書その他これに準ずる書類および自分の作成したこれらの書類でその写しのあるものはその写し

③のうち現金取引関係書類に該当する書類以外のものは、5年間保存すればよいことになっています。

(4) 青色申告の特典

青色申告の主な特典には、次のようなものがあります。

① **青色事業専従者給与の必要経費算入**

生計を一にする配偶者その他の親族（15歳未満の人を除く。）で専らその青色申告者の経営する事業に従事している人（青色事業専従者）に対する給与は、専従者の労務の対価として適正な金額であれば、原則としてその金額を必要経費に算入することができます（法人税法第57条第1項）。

② **引当金の必要経費算入**

貸倒引当金、退職給与引当金等の一定の引当金繰入額を必要経費に算入することができます。

③ **青色申告特別控除**

イ 65万円の青色申告特別控除

事業所得または不動産所得を生ずべき事業を営む青色申告者（現金主義によることを選択した者を除く。）が、当該事業につき帳簿書類を備え付けて、これらの所得の金額にかかる一切の取引の内容を詳細に記録している場合、つまり、正規の簿記の原則（複式簿記）に従い記帳している場合には、65万円の特別控除が適用されます。

この特例は、上記により記録された帳簿書類に基づいて作成された貸借対照表、損益計算書等を添付した確定申告書を提出期限までに提出した場合に限り適用されます。

ロ　10万円の青色申告特別控除

前記イ以外の青色申告者、つまり、簡易な記帳方式または現金主義により記帳を行っている者については、10万円の特別控除が適用されます。

④　その他

純損失の繰越控除（所得税法第70条第1項）または繰戻し還付（所得税法第140条）、家事関連費の必要経費への特別算入（所得税法施行令第96条）、諸準備金積立額の必要経費算入、割増償却、特別償却の必要経費算入、所得税額の特別控除等があります。

8　中小企業者等の少額（30万円未満）減価償却資産の取得価額の損金算入の特例（措法第28条の2）

青色申告書を提出する個人事業者および一定の中小企業者に該当する法人が平成18年4月1日から平成20年3月31日までの間に取得価額が30万円未満の減価償却資産を取得した場合には、取得価額の全額の損金算入を認める制度が平成15年度の税制改正で認められました。

平成18年4月1日以降取得分について1年間300万円の限度が設けられました。

この適用を受けようとする者は、確定申告書等に少額減価償却資産の取得価額に関する明細書を添付しなければなりません。

注1　一定の中小企業者に該当する法人

①　中小企業者

資本または出資の金額が1億円以下の法人で大規模法人の子会社等（同一の大規模法人が2分の1以上を、または複数の大規模法人が3分の2以上を保有している。）は除かれます。

また、資本または出資のない法人で常時使用する従業員の数が1,000人以下のものをいいます。

大規模法人とは、資本もしくは出資の金額が1億円を超える法人または資本もしくは出資のない法人のうち常時使用する従業員の数が

1,000人を超えるものをいいます。
② 農業協同組合等

注2 明細書の添付にかえて、「減価償却費の計算」欄に記載することができます。

　青色申告書を提出する個人事業者は、青色申告決算書の「減価償却費の計算」欄に次の3点の記載があれば明細書の添付は不要とされます。
① 適用資産について措置法第28条の2第1項の規定を適用していること
② 適用資産の取得価額の合計額
③ 適用資産の明細を別途保管している旨（別表参照のこと）

この実務上の取扱いは、法人の場合にも、別表16等の備考欄に同様の記載をすることで明細書の添付を省略できることとされています。

〇減価償却の計算（記載例）

減価償却資産の名称等	面積または数量	取得年月	取得価額	償却の基礎になる金額
パソコン他	—	15.5	合計 900,000	（明細は別途保管）

本年分の必要経費算入額		摘　　要
900,000		措法28の2

第3編 特殊会計

第1章　消費税の会計処理

1　消費税の会計処理

1　税抜方式

　これは、仕入税を仮払消費税等の勘定で、販売税を仮受消費税等の勘定で処理し、課税期間にかかる販売税と仕入税とを相殺し、その差額を納付しまたは還付を受けるものであり、企業の損益計算に影響を及ぼさない方式です。

(1) 消費税の会計処理

販売税

　販売税は、完成工事高（未成工事受入金）、雑収入、特別利益等と区分し、仮受消費税等として処理します。

仕入税

　仕入税は、未成工事支出金、経費、固定資産等と区分し、仮払消費税等として処理します。

納付すべき消費税（以下「納付税」という。）

　販売税から控除対象消費税を控除した金額を未払計上し、費用に関係させません。

> 還付を受ける消費税（以下「還付税」という。）

　控除対象消費税から販売税を控除した金額を未収計上し、収益に関係させません。

(2) 税抜方式の仕訳例1（取引のつど行う方法）

　① 取引時の処理

　　　a　販売税の処理

　　　（例1）
　　　現　金　預　金　　×××　　未成工事受入金　　×××
　　　（または受取手形）　　　　　仮　受　消　費　税　×××
　　　（例2）
　　　現　金　預　金　　×××　　固　定　資　産　　×××
　　　　　　　　　　　　　　　　　固定資産売却益　　×××
　　　　　　　　　　　　　　　　　仮　受　消　費　税　×××

　　　b　仕入税の処理

　　　（例1）
　　　未成工事支出金　　×××　　工　事　未　払　金　×××
　　　仮　払　消　費　税　×××
　　　（例2）
　　　販　　管　　費　　×××　　未　　払　　金　　×××
　　　仮　払　消　費　税
　　　（例3）
　　　固　定　資　産　　×××　　現　金　預　金　　×××
　　　仮　払　消　費　税　×××

　　（注）販売費及び一般管理費を「販管費」と略します（以下同じ）。

　② 半期末および事業年度末（以下「計算期間末」という。）の処理

　　　a　完成工事未収入金の計上

　　　完成工事未収入金　　×××　　完　成　工　事　高　×××
　　　　　　　　　　　　　　　　　　仮　受　消　費　税　×××

　　　b　繰越工事にかかる消費税を預り消費税に振替え、翌期首に振戻します。

　　　　仮 受 消 費 税　　×××　　　預 り 消 費 税　　×××
　　c　計算期間中の販売税と仕入税を相殺し、その差額を未払消費税または未収消費税に振替えます。

　　（例１）　納付税のある場合
　　　仮 受 消 費 税　　×××　　　仮 払 消 費 税　　×××
　　　　　　　　　　　　　　　　　　未 払 消 費 税　　×××
　　（例２）　還付税のある場合
　　　仮 受 消 費 税　　×××　　　仮 払 消 費 税　　×××
　　　未 収 消 費 税　　×××

③　納付または還付時の処理

　　（納付時）
　　　未 払 消 費 税　　×××　　　現 金 預 金　　×××
　　（還付時）
　　　現 金 預 金　　×××　　　未 収 消 費 税　　×××

(3)　**税抜方式の仕訳例２**（取引時点では税込方式で会計処理し、計算期間末等に税抜方式に修正する方法）

①　販売税の処理

　　　未成工事受入金　　×××　　　仮 受 消 費 税　　×××
　　　未成工事支出金　　×××
　　　固定資産売却益（損）×××

　　（注）未成工事支出金はスクラップ売却代金等の原価戻入

②　仕入税の処理

　　　仮 払 消 費 税　　×××　　　未成工事支出金　　×××
　　　　　　　　　　　　　　　　　　販 管 費　　　　×××
　　　　　　　　　　　　　　　　　　固 定 資 産　　×××

　未払消費税または未収消費税の計上時の処理および納付または還付時の処理は、取引のつど行う方法の場合に同じです。

(4)　**資産にかかる控除対象外消費税の処理**

①　たな卸資産に係るもの
　　a　たな卸資産の取得原価に算入する方法

b　発生事業年度の期間費用とする方法
　② 固定資産等にかかるもの
　　a　資産に計上する方法
　　　ア　当該固定資産等の取得原価に算入する方法
　　　イ　固定資産等にかかるものを一括して長期前払消費税として費用配分する方法
　　b　発生事業年度の期間費用とする方法
　③ 控除対象外消費税の仕訳例
　　a　資産に計上する場合
　　　ア　個々の資産の取得原価に算入する場合
　　　　建　　　物　×××　　仮払消費税　×××
　　　　機 械 装 置　×××
　　　イ　長期前払消費税で処理する場合
　　　　長期前払消費税　×××　　仮払消費税　×××
　　b　期間費用とする場合
　　　　租税公課(消費税)　×××　　仮払消費税　×××

2　税込方式

　これは、仕入税を資産の取得原価または費用に含め、販売税を収益に含める方法です。この方式では、納付税は租税公課勘定に、還付税は収益勘定に計上します。

(1)　消費税の会計処理

販売税

　販売税は、完成工事高（未成工事受入金）、雑収入、特別利益等に含めて計上します。

仕入税

　仕入税は、未成工事支出金、経費、固定資産等に含めて計上します。

> 納付税

租税公課（消費税）として費用に計上します。

> 還付税

雑収入（還付消費税）として収益に計上します。

(2) 税込方法の仕訳例

① 計算期間末の処理

　　a　納付税は租税公課として費用に計上します。

　　　租税公課(消費税)　×××　　未 払 消 費 税　×××

　　b　還付税は雑収入として収益に計上します。

　　　未 収 消 費 税　×××　　雑収入(還付消費税)×××

② 納付または還付時の処理

　　（納付時）
　　未 払 消 費 税　×××　　現 金 預 金　×××
　　（還付時）
　　現 金 預 金　×××　　未 収 消 費 税　×××

2　財務諸表における表示

1　重要な会計方針の記載

　貸借対照表（別記様式第15号）注1に記載しなければならない「消費税に相当する額の会計処理の方法」とは、税抜方式および税込方式のうち貸借対照表および損益計算書の作成にあたって採用したものをいいます。

　ただし、経営事項審査申請書・経営状況分析申請書に添付する財務諸表は、税抜方式を採用することとされています（同記載要領17）。

　したがって、注1には「消費税に相当する額の会計処理は、税抜方式によっている。」または「消費税に相当する額の会計処理は、税込方式によっている。」のいずれかを記載します。

2 消費税関連科目の表示方法

未払消費税

　未払消費税は、当期分として納付すべき消費税額の未払額を「未払金」に含めて記載します。ただし、その金額が重要な場合は「未払消費税」として記載します。

未収消費税

　未収消費税は、当期分として還付を受けるべき消費税額の未収額を「その他流動資産（営業外未収入金）」に含めて記載します。ただし、その金額が重要な場合は、「未収消費税」として記載します。

長期前払消費税

　長期前払消費税は固定資産等にかかる控除対象外消費税額を一定の期間に配分して（60か月均等）償却しようとする場合の当該消費税額を投資その他の資産の「その他」に含めて記載します。ただし、その金額が重要な場合は、「長期前払消費税」として記載します。

債権・債務各勘定

　完成工事未収入金・未収入金・未収収益・工事未払金・未払金・未払費用等の債権・債務各勘定には税抜方式を採用する場合も、取引にかかる消費税を含めて記載します。

完成工事高

　税抜方式を採用する場合は、取引にかかる消費税額は除きます。

租税公課（消費税）

　税抜方式の場合における控除対象外消費税または税込方式の場合におけ

る納付すべき消費税は、販売費及び一般管理費の「租税公課」に記載し、その金額が重要な場合は「消費税」として記載します。

(注) 販売費及び一般管理費として記載することが適当でない場合には、その金額を売上原価、営業外費用等に表示することができます。

雑収入（還付消費税）

　税込方式の場合における還付された消費税は営業外収益の「雑収入」に記載し、その金額が重要な場合は「還付消費税」として記載します。

(注) 営業外収益の「雑収入」として記載することが適当でない場合には、その金額を売上原価、販売費及び一般管理費等から控除して記載することができます。

第2章　JV工事の会計処理

1　共同企業体の会計処理

　建設業におけるJV（ジョイント・ベンチャー）工事は「2以上の建設業者が共同して工事を施工するために用いられる共同経営方式」と解されています。それは、共同施工方式と分担施工方式に分類されます。この2つの形態のJV施工方式について、構成会社側における会計処理上の留意点について述べます。

1　共同施工方式の場合

　共同施工方式とは、すべての構成会社が出資割合により工事資金を拠出するとともに、人員、機材をも供与して、合同計算により共同施工する形態をいいます。

　この場合、各構成会社の権利・義務、共同企業体の組織・運営等は、JV協定書に定められます。この協定書において最も重要なものは、各構成会社の持分比率であり、費用の分担、損益の配分等は、すべてこの比率に基づいて行われます。

(1) 完成工事高および完成工事原価の計上方法

　構成会社は、JV協定書に定められた持分比率に基づいて完成工事高および完成工事原価を計上します。この場合、各構成会社に単独の費用が計上されているときは、その残高をそれぞれ各社の完成工事原価に取り替えます。

　（注）完成工事高および完成工事原価のほか、完成工事未収入金、工事未払金等の資産、

負債に属する科目については、①持分比率に基づいて、それぞれの該当科目に計上する方法と、②完成工事未収入金以外は相殺額をJV未精算勘定で処理する方法、があります。

(2) 施工中のJV工事に対する支出額および受入額の処理

各構成会社は、期中においては、JV借勘定およびJV貸勘定またはJV出資金勘定およびJV受入取下金勘定を設定して、各JV工事に対する出資額および受入取下額をそれぞれ処理しますが、期末の処理は、

(a) 構成会社のJV借勘定・JV貸勘定と共同企業体の試算表（スポンサー会社が作成する。）に示されている各構成会社勘定とをそれぞれ相殺するとともに、それ以外の資産・負債勘定残高を持分比率に基づいて按分計算し、これらを該当科目（現金預金、未成工事支出金、工事未払金、未成工事受入金等）に振替表示するか、または、

(b) 構成会社は、JV工事勘定の借方残高（JV出資金勘定）および貸方残高（JV受入取下金勘定）をそれぞれ未成工事支出資金および未成工事受入金に振替表示します。

(3) 給与、旅費等の差額処理

各構成会社が共同企業体から受領した給与、旅費等の共同企業体原価算入額と実際支給額との差額を受領した場合には、未成工事支出金（単独経費）を減額し、また、差額が追加支給となる場合には、未成工事支出金勘定（単独経費）に計上しておき、当該JV工事の決算期に、その残高を完成工事原価に振り替えます。

なお、賞与その他共同企業体が負担しない経費を構成会社が支出した場合の処理も同様です。

2 分担施工方式の場合

分担施工方式とは、各構成会社が受注工事を分割し、それぞれの分担工事について責任をもって施工するとともに、共通費用を拠出しますが、損益については合同計算を行わない形態をいいます。

(1) 完成工事高および完成工事原価の計上方法

JV協定書等に定められた各構成会社の施工分担額を完成工事高に計上します。

完成工事原価についても、JV協定書等に定められた各構成会社の施工分担額（完成工事高）に対応する完成工事原価（共通費用負担額を含む。）を計上します。

(2) 施工中のJV工事に対する支出額および受入額の処理

各構成会社は、分担工事にかかる支出額および受入額をそれぞれ未成工事支出金および未成工事受入金に計上するか、または、期中は工事勘定で処理しておき、期末にこれを分解し、未成工事支出金、未成工事受入金およびそれ以外の資産・負債各勘定に振替表示します。

(3) 共通費用の処理

スポンサー会社が共通費用を支出した場合は、全額を未成工事支出金に計上するか、または自社以外の負担額を立替金勘定で処理しておき、他社から共通費用負担額を受け入れた時に、未成工事支出金または立替金勘定を減額します。

(4) スポンサー会社の他社分の受入金の処理

スポンサー会社が発注者から他社分の受入金を受領した場合は、自社分を含めた全額を未成工事受入金勘定に計上するか、または他社分のみを預り金勘定で処理しておき、他社分の受入金を支払った時に、未成工事受入金または預り金勘定を減額します。

2 協力施工方式の会計処理

(1) 完成工事高の計上と原価の整理

元請負人（親）が発注者と単独で契約していることから、親が請負金を100％計上します。親は協力会社（子）と共同施工するためJVを結成したと考えて、取下分配金を外注費（取下分配原価・単独原価）として処理します。

共同施工による共通原価の計算および親と子の間の出資金等の取引は、

JV工事でその経理業務をスポンサー会社に委任している場合と何ら変わるところがなく、電算処理システムがそのまま利用できるので、JV工事に準じた取扱いとします。

一方、自社が協力会社（子）となった場合の請負金、つまり完成工事高は協定書の当社持分額を計上します。また共同施工にともない発生した共通原価の自社持分額は、元請負人（親）が協力会社（子）に、毎決算期に報告する未成工事支出金明細書または完成工事原価報告書に基づき、JV出資金から未成工事支出金の各内訳費目に振り替えます。

(2) 協力施工下請の考え方に基づく場合

協力施工下請の考え方に基づいて、工事協力施工協定書を締結している場合、元請負人（親）の請負金の計上、つまり、完成工事高については、前期と同様、発注者との契約金額を全額計上します。

協力会社（子）に対して協力施工下請としての発注の形をとることから、毎決算期に、子への発注金額の出来高相当額を（貸方）工事未払金として計上するとともに、（借方）未成工事支出金（外注費、協力下請原価）に計上することとなります。

なお、共同施工にともなう共通原価のうち、子の持分原価の整理は、親において共通原価の発生のつど、子に対する立替金として仕訳します。

一方、自社が子となった場合の請負金、つまり、完成工事高は、協定書記載の当社持分額を計上することとなりますが、毎決算期に親から子への発注金額の出来高相当額が報告されることになりますから、理論的には、

（借方） 未収入金未成工事取下金 ×××
　　　　　　　（貸方） 未成工事受入金 ×××

の仕訳をすることも考えられますが、工事が未成の間は取下金の未収計上をしないのが会計慣行であることから、現実には仕訳をしません。また親から子への共通原価に対する協力下請立替金請求の際、その工事支払金明細書が添付されますので、そのつど、未成工事支出金の原価を整理することも考えられますが、期中は、JV工事と同様、出資金で整理しておき、毎決算期、まとめて出資金振替えにより未成工事支出金の内訳費目への整

理をするのが簡便と考えられます。

(3) 分配利益の取扱い

　共同企業体と同様の考え方による場合、共通原価の精算を行いますが、分配利益の考え方がないのに対し、施工協力下請の考え方によった場合、従来、協力施工方式を匿名組合契約に準じたものと考え、子に対する分配利益のみを外注費で処理する例が多く見受けられました。これは、元請負人（親）は、その工事を単独の請負工事と同様、通常の工事原価計算を行い、協力会社（子）の持分を工事原価として処理する。つまり、親の子からの受入出資金は工事原価の「仮受金」とし、取下分配金は工事原価の「仮払金」としておき、工事完了時に「仮受金」と「仮払金」とを相殺し差額を「外注費」として処理することになり、結果的に子に対する分配利益のみを外注費で処理するような形になっていました。

　これは、事務の簡便性から行われていたもので、法人税でも、ペーパーJV の場合を除き、問題にされることはありませんでした。消費税法が平成元年4月から施行されるに当たり、消費税の転嫁の面から説明しますと、子が自社持分の請負金額を課税売上げとして処理する以上、親のほうも、取下分配金をそのつど、外注費として課税仕入れとし、その仕入税額を税額控除に含めるのが筋ということになります。

　つまり、消費税法では、匿名組合の分配利益が課税対象外とされています（消費税取扱通達1－3－2）から、親の匿名組合に準じた処理は不適正とされるわけです。したがって、親の完成工事原価は、取下分配金からなる外注費と協力施工方式自社持分原価の合計となります。

3 JV工事等における消費税の取扱い

　消費税実施にともなう建設業特有の会計処理のうち、とくにJV工事が、複数の会社によって構成されることから、統一的なJV運用基準を設けようということで建設工業経営研究会の専門委員会で検討を行い、「JV工事等における消費税の取扱い」を取りまとめました。

　共同企業体の会計処理は原則として、"税抜方式"とし、構成員に対す

る出資金の請求は"税込み"で行う、また、共同企業体に対する立替金の請求は"税込み"で行うが、仮設・機械損料・内部設計料、協定給与の場合は、「内部取引またはこれに準ずるもの」として"税抜き"の請求としました。同研究会では、この取扱いを、「業界の申合せ事項」として関係団体にも採用するように呼びかけ、平成元年3月末、㈳日本建設業団体連合会、㈳建築業協会、㈳日本土木工業協会など10団体連盟で各会社に周知されました。

取扱いは次のとおりです。

ＪＶ工事等における消費税の取扱いについて

平成元年3月8日
平成8年12月25日修正
建設工業経営研究会
建設業上場会社経理研究会

改正消費税法及び地方消費税法が平成9年4月1日から適用されるにあたり、JV工事及び協力施工工事における消費税（地方消費税を含む。以下同じ。）について、次のとおり取扱う。

記

1　JV工事における消費税の取扱い

　JV工事（共同企業体）における構成員は、共同事業者の関係にあるため、その持分に応じて課税売上及び課税仕入の額を認識する。

(1)　会計方針

　共同企業体の会計方針は原則として「税抜方式」とする。

　また、「税込方式」を採用する構成員に対しても、必要資料の提供を行うものとする。

(2)　取下金の配分

　請負代金の入金があったときは、当該金額につき構成員の持分に応じて配分する。すなわち、課税売上にかかる消費税の仮受額も同時に配分する。

　　　（注）共同企業体は、取下配分金（税込）の総額を把握するため、工事の決算時まで取下配分金と仮受消費税を両建処理しておく等の措置を講じることとする。

(3) 出資金の請求

　構成員に対する出資金の請求は「税込」で行う。すなわち、消費税込の原価等の支出額に見合う請求額とする。

(4) 立替金の請求

　共同企業体に対する立替金の請求は、「税込」で行う。すなわち、消費税込の立替額に見合う請求額とする。

　ただし、次の立替払いについては、内部取引又はこれに準ずるものであるので、消費税法の対象外として、「税抜」の請求とする。

　① 仮設・機械損料の請求

　② 内部設計料の請求

　③ 内部積算料の請求

　④ 内部研究受託料の請求

　⑤ 内部電算使用料の請求

　⑥ 協定給与（又は実費給与）の請求

　なお、旅費、交通費、事務用品費等経費の立替払いの請求については、「税込」「税抜」の双方を認めることとする。

　また、非スポンサー会社が「税込」による請求をする場合は、請求書等の証憑の写を添付する。

(5) 課税仕入にかかる消費税等の報告

　a　消費税の処理方法（取引毎税抜処理、月次一括税抜処理等）については、JV協定書等に織り込むものとする。

　b　共同企業体は、原価の計上ベースで課税仕入額を認識し、原則として毎月消費税に関する計算をして構成員に報告する。

　構成員は、当該報告を受けた時点で課税仕入額を認識し、これにかかる消費税を仮払消費税に計上するとともに、拠出した出資金の減額処理を行う。

　また、原価戻入額のうちに協力会社等に対する原材料の有償支給など課税売上として処理しているものについても、課税仕入に準じた取扱いとする。

(注) 共同企業体は、仮払消費税の配分額並びに原価戻入にかかる仮受消費税の配分額の総額を把握するため、工事の決算時まで受入出資金と仮払消費税、仮受消費税を両建処理しておく等の措置を講じることとする。

c　構成員に対する消費税にかかる月次報告（決算報告を含む。）の内容は、次のとおりとする。
　(a)　工事原価計算の内容は、要素別（経費については科目別）に「税抜」の金額が記載されたものとする。
　　　また、「税込方式」による会計処理を採用する構成員に対しては、必要資料（要素別及び交際費についての税込支出額）の提供を行う。
　(b)　消費税計算の内容は、工事原価計算単位別に、次の項目についての当月発生額（又は当期発生額）、当月累計額（又は当期累計額）が記載されたものとする。
　　① 原価戻入にかかる課税売上（免税売上を除く。）及びこれにかかる消費税
　　② 原価中の免税売上
　　③ 原価戻入にかかる非課税売上
　　④ 課税売上対応の課税仕入及びこれにかかる消費税
　　⑤ 免税売上対応の課税仕入及びこれにかかる消費税
　　⑥ 非課税売上対応の課税仕入及びこれにかかる消費税
　　⑦ 不課税売上（海外工事）対応の課税仕入及びこれにかかる消費税
　　⑧ 出来高払いによらない課税仕入及びこれにかかる消費税
　　　(注) 本報告は、上記内容を織り込んだものであれば様式等を問わない。

(6)　各構成員の納付税額
　　JV工事の各構成員の納付税額は、次のとおりである。
　　　納付税額＝課税売上（消費税抜き請負代金の自社持分＋原価戻入のうち課税売上額の自社持分）×消費税率－課税仕入（原価支出額の自社持分）×消費税率

2 協力施工工事における消費税の取扱い

　協力施工工事における構成員は、元請と協力施工方式による協力会社との関係にあるが、本質はJV工事と何ら変わることはないので、原則としてJV工事に準じた取扱いとする。

　ただし、取下配分金は外注費と認識して仮払消費税を付して支払い、元請の仕入税額控除に含めるが、仕入控除時期は工事完成時とする。

以上

第3章　兼業事業会計

　兼業事業とは、建設業以外の事業をあわせて営む場合における当該建設業以外の事業をいいます（様式第16号記載要領5）。
　建設業を営む株式会社が財務諸表を作成する場合、兼業事業の資産・負債および売上高・売上原価等の表示方法は次のとおりです。

1　貸借対照表の表示

(1)　流動資産科目の取扱い

　兼業事業の営業取引にかかる流動資産科目（たとえば、不動産事業未収入金、販売用不動産、不動産事業支出金等）のうち、その金額が資産の総額の1/100を超えるものは、その内容を示す適当な科目（独立科目）として流動資産の部に記載します。
　ただし、資産の総額の1/100以下の流動資産で独立科目で表示する必要がないものは、同一性格の科目に含めて記載することができます（様式第15号記載要領6）。

　　（例）
　　　　不動産事業未収入金　──→　完成工事未収入金
　　　　販売用不動産　　　　──→　未成工事支出金
　　　　不動産事業支出金　　──→　未成工事支出金

(2)　流動負債科目の取扱い

　兼業事業の営業取引にかかる流動負債の科目についても流動資産科目と同じ取扱いになっています（様式第15号記載要領9）。

　　　　不動産事業未払金　　──→　工事未払金
　　　　不動産事業受入金　　──→　未成工事受入金

2　損益計算書の表示

(1) 建設業以外の事業（兼業事業）

　兼業事業にかかる売上高、売上原価および売上総利益の表示方法については様式第16号損益計算書に示されています。

　兼業事業の表示は、単に兼業事業売上高等と表示しないで、その内容を示す適当な名称、たとえば「不動産事業売上高」等の名称をもって記載することができます。2以上の兼業事業を営む場合は、そのうち主な事業の名称を用いて表示します。

　なお、「兼業事業売上高」（2以上の兼業事業を営む場合で、これらの兼業事業の売上高の総計）の「売上高」に占める割合が軽微な場合においては、完成工事高、完成工事原価および完成工事総利益（完成工事総損失）に含めて記載することができます（記載要領5）。この場合、次のように、「売上高」、「売上原価」、「売上総利益（売上総損失）」の記載は省略します。

　　　　完成工事高　　　　×××
　　　　完成工事原価　　　×××
　　　　　完成工事総利益　　××

　この軽微な場合については、国土交通省令様式第19号の個人企業の場合には兼業事業の売上高が総売上高の1/10を超えるときは、建設業と区分して表示することとされていますので（同記載要領5）、10％が1つの目安となりましょう。個人企業の場合には10％を超えるときは、区分して表示することとされていますが、法人企業では規定されていません。これは、統一的に数量基準を設けないで、各会社が独自に「重要性の原則」に照らして判断すべきものとされたものです。

(2) 兼業事業売上原価報告書

　建設業法施行規則第19条の4（経営事項審査申請書の添付書類）関係の別記様式第25条の9が別表のとおり、兼業事業売上原価報告書が追加されています。参考に供して下さい。

別表
様式第25号の9 （第19条の4関係）

(用紙Ａ４)

兼業事業売上原価報告書

自　平成　　年　　月　　日
至　平成　　年　　月　　日

申請者　　　　　　　印

兼業事業売上原価	千円
期首商品（製品）たな卸高	×× ×
当 期 商 品 仕 入 高	×× ×
当 期 製 品 製 造 原 価	×× ×
合　　　　　　　　　計	×× ××
期末商品（製品）たな卸高	△ ×× ×
兼 業 事 業 売 上 原 価	×× ×
(当期製品製造原価の内訳)	
材　料　費	×× ×
労　務　費	×× ×
経　　費	×× ×
（うち　外注加工費）	（ ×× ）
小計（当期総製造費用）	×× ×
期首仕掛品たな卸高	×× ×
計	×× ××
期末仕掛品たな卸高	△ ×× ×
当 期 製 品 製 造 原 価	×× ×

記載要領
1　建設業以外の事業を併せて営む場合における当該建設業以外の事業（以下「兼業事業」という。）に係る売上原価について記載すること。
2　二以上の兼業事業を営む場合はそれぞれの該当項目に合算して記載すること。
3　「(当期製品製造原価の内訳)」は、当期製品製造原価がある場合に記載すること。
4　「兼業事業売上原価」は損益計算書の兼業事業売上原価に一致すること。
5　記載すべき金額は、千円未満の端数を切り捨てて表示すること。
　　ただし、会社法（平成17年法律第86号）第2条第6号に規定する大会社にあつては、百万円未満の端数を切り捨てて表示することができる。この場合、「千円」とあるのは「百万円」として記載すること。

(3) 販売費及び一般管理費

　兼業事業を営む場合の販売費の特別な科目の記載については、様式第16号では明示されていませんが、たとえば、「販売人件費」、「販売手数料」、「販売諸経費」等の区分掲記が考えられます。

3　会社計算規則における兼業事業の取扱い

第3編　計算書類関係

　第7章　雑　則

　第146条（別記事業を営む会社の計算関係書類についての特例）第1項では、建設業などの別記事業を営む計算書類作成会社が、所管官庁に提出する財務諸表の用語、様式および作成方法について、特に法令の定めがある場合または会社計算規則に準じた財務諸表準則を制定している場合には、会社計算規則第1章から第6章までの規定にかかわらず、その法令または準則の定めによることとしています。ただし、その法令または準則に定めない事項については、この限りではないとしています。

　別記事業とは、財務諸表等規則別記に掲げる事業をいい、旧規則特定の事業を含め、建設業、建設業保証業、電気、ガス、銀行、保険など18業類を特定しています。

　同条第2項では、別記事業を2以上を兼業する会社の適用関係を規定し、そのうち、主要事業に関して適用される法令または準則によることとしています。

　同条第3項では、別記事業とその他の事業を兼業している場合で、その主要事業が別記事業でない場合には、第1項を適用しないことができます。ただし、別記事業に関する事項については、当該別記事業に関して適用される法令または準則の定めによることができるとしています。

　以上の第1項から第3項までの規定は、財務諸表等規則第2条、第3条および第4条に準じたものであり、金融商品取引法会計と会社法会計との調整という観点から行われたものと思われます。同条第4項では、別記事業に係る法令または準則の定めにより計算関係書類を作成する場合であっ

ても、会社法の観点から要求されていない項目については省略し、所管官庁に提出するものよりも簡略化することが認められています。

資料編

〔資料1〕
○建設業法施行規則（抄）

(昭和24年7月28日建設省令第14号)
(最終改正　平成20年1月31日国土交通省令第3号)

〔参考〕　建設業法（抄）

(昭和24年5月24日法律第100号)
(最終改正　平成19年5月30日法律第66号)

第6条（許可申請書の添付書類）　前条の許可申請書には、国土交通省令の定めるところにより、次に掲げる書類を添付しなければならない。
（第一号から第五号まで省略）
六　前各号に掲げる書面以外の書類で国土交通省令で定めるもの
2　（省略）

第11条（変更等の届出）（第1項省略）
2　許可に係る建設業者は、毎事業年度終了の時における第6条第1項第一号及び第二号に掲げる書類その他国土交通省令で定める書類を、毎事業年度経過後4月以内に、国土交通大臣又は都道府県知事に提出しなければならない。
3　（以下省略）

第17条（準用規定）　第5条、第6条及び第8条から第14条までの規定は、特定建設業の許可及び特定建設業の許可を受けた者（以下「特定建設業者」という。）について準用する。（以下省略）

第27条の23（経営事項審査）
（第1項省略）
2　前項の審査（以下「経営事項審査」という。）は、次に掲げる事項について、数値による評価をすることにより行うものとする。
一　経営状況

二　経営規模、技術的能力その他の前号に掲げる事項以外の客観的事項
３　（省略）

第27条の24（経営状況分析）

１　前条第２項第一号に掲げる事項の分析（以下「経営状況分析」という。）については、第27条の31及び第27条の32において準用する第26条の５の規定により国土交通大臣の登録を受けた者（以下「登録経営状況分析機関」という。）が行うものとする。
（第２項省略）
３　前項の申請書には、経営状況分析に必要な事実を証する書類として国土交通省令で定める書類を添付しなければならない。
４　（省略）

第４条（法第６条第１項第六号の書類）　法第６条第１項第六号の国土交通省令で定める書類は、次に掲げるものとする。
　（第一号から第六号まで省略）
　九　株式会社（会社法の施行に伴う関係法律の整備等に関する法律（平成17年法律第87号）第３条第２項に規定する特例有限会社を除く。以下同じ。）以外の法人又は小会社（資本金の額が１億円以下であり、かつ、最終事業年度に係る貸借対照表の負債の部に計上した額の合計額が200億円以上でない株式会社をいう。以下同じ。）である場合においては別記様式第15号から第17号の２までによる直前１年の各事業年度の貸借対照表、損益計算書、株主資本等変動計算書及び注記表、株式会社（小会社を除く。）である場合においてはこれらの書類及び別記様式第17号の３による附属明細表
　十　個人である場合においては、別記様式第18号及び第19号による直前１年の各事業年度の貸借対照表及び損益計算書
　（第十一号から第十六号まで省略）

2　（以下省略）
第10条（毎事業年度経過後に届出を必要とする書類）　法第11条第2項の国土交通省令で定める書類は、次に掲げるものとする。
　一　株式会社以外の法人である場合においては、別記様式第15号から第17号の2までによる貸借対照表、損益計算書、株主資本等変動計算書及び注記表、小会社である場合においてはこれらの書類及び事業報告書、株式会社（小会社を除く。）である場合においては別記様式第15号から第17号の3までによる貸借対照表、損益計算書、株主資本等変動計算書、注記表及び附属明細表並びに事業報告書
　二　個人である場合においては、別記様式第18号及び第19号による貸借対照表及び損益計算書
　三　国土交通大臣の許可を受けている者については、法人にあっては法人税、個人にあっては所得税の納付すべき額及び納付済額を証する書面
　四　都道府県知事の許可を受けている者については、事業税の納付すべき額及び納付済額を証する書面
2　（以下省略）
第13条（特定建設業についての準用）　前各条（第3条第2項及び第3項を除く。）の規定は、特定建設業の許可及び特定建設業者について準用する。（以下省略）
2　（以下省略）
第19条の4（経営状況分析申請書の添付書類）　法第27条の24第3項の国土交通省令で定める書類は、次のとおりとする。
　一　会社法第2条第6号に規定する大会社であって有価証券報告書提出会社（金融商品取引法（昭和23年法律第25号）第24条第1項の規定による有価証券報告書を内閣総理大臣に提出しなければならない株式会社をいう。）である場合においては、一般に公正妥当と認められる企業会計の基準に準拠して作成された連結会社の直前3年の各事業年度の連結貸借対照表、連結損益計算書、連結株主資本等変動計算書及び

〔資料１〕建設業法施行規則（抄）

連結キャッシュ・フロー計算書
二　前号の会社以外の法人である場合においては、別記様式第15号から第17号の２までによる直前３年の各事業年度の貸借対照表、損益計算書、株主資本等変動計算書及び注記表
三　個人である場合においては、別記様式第18号及び第19号による直前３年の各事業年度の貸借対照表及び損益計算書
四　建設業以外の事業を併せて営む者にあっては、別記様式第25号の９による直前３年の各事業年度の当該建設業以外の事業に係る売上原価報告書
五　その他経営状況分析に必要な書類
2　前項第一号から第三号までに掲げる書類のうち、既に提出され、かつ、その内容に変更がないものについては、同項の規定にかかわらず、その添付を省略することができる。

〔参　考〕建設業許可事務ガイドラインについて

[平成13年４月３日]
[国総建第97号]

総合政策局建設業課長から　地方整備局建政部長
　　　　　　　　　　　　　北海道開発局事業振興部長　あて
　　　　　　　　　　　　　沖縄総合事務局開発建設部長

最終改正　平成20年１月31日国総建第274号

　国土交通大臣に係る建設業許可事務の取扱い等について、別添のとおりとりまとめたので、今後の事務処理に当たって遺憾のないよう取り扱われたい。

［別添］

建設業許可事務ガイドライン（抄）

【第５条及び第６条関係】
(14)　附属明細表（株式第17号の３）について
　　金融商品取引法（昭和23年法律第25号）第24条に規定する有価証券報告書の提出会社にあっては、有価証券報告書の写しの提出をもって

附属明細表の提出に代えることができるものとする。

【第11条関係】

２．変更届出書等の取扱いについて

（２）事業報告書について

　　会社法（平成17年法律第86号）第438条の規定に基づき取締役が定時株主総会に提出してその内容を報告した事業報告書と同一のものを、毎事業年度経過後、届け出ることを求めるものであり、様式については問わない。

　　事業報告書が、定時株主総会に株主を招集するための通知書等として、貸借対照表及び損益計算書等とともに同一の冊子にまとめられる場合にあっては、当該冊子を届け出ることで足りるものとする。

様式第15号（第4条、第10条、第19条の4関係）

（用紙Ａ４）

貸 借 対 照 表

平成　　年　　月　　日現在

（会社名）

資　産　の　部

Ⅰ　流動資産　　　　　　　　　　　　　　　　　　　　　千円

　　　現金預金　　　　　　　　　　　　　　　　　　×××
　　　受取手形　　　　　　　　　　　　　　　　　　×××
　　　完成工事未収入金　　　　　　　　　　　　　　×××
　　　有価証券　　　　　　　　　　　　　　　　　　×××
　　　未成工事支出金　　　　　　　　　　　　　　　×××
　　　材料貯蔵品　　　　　　　　　　　　　　　　　×××
　　　短期貸付金　　　　　　　　　　　　　　　　　×××
　　　前払費用　　　　　　　　　　　　　　　　　　×××
　　　繰延税金資産　　　　　　　　　　　　　　　　×××
　　　その他　　　　　　　　　　　　　　　　　　　×××
　　　　貸倒引当金　　　　　　　　　　　　　　　△×××
　　　　流動資産合計　　　　　　　　　　　　　　××××

Ⅱ　固定資産
　(1)　有形固定資産
　　　建物・構築物　　　　　　　　　　　×××
　　　　減価償却累計額　　　　　　　　△×××　　×××
　　　機械・運搬具　　　　　　　　　　　×××
　　　　減価償却累計額　　　　　　　　△×××　　×××
　　　工具器具・備品　　　　　　　　　　×××
　　　　減価償却累計額　　　　　　　　△×××　　×××
　　　土地　　　　　　　　　　　　　　　　　　　　×××
　　　建設仮勘定　　　　　　　　　　　　　　　　　×××

		その他		×××
		減価償却累計額	△×××	×××
		有形固定資産計		×××
(2)	無形固定資産			
		特許権		×××
		借地権		×××
		のれん		×××
		その他		×××
		無形固定資産計		×××
(3)	投資その他の資産			
		投資有価証券		×××
		関係会社株式・関係会社出資金		×××
		長期貸付金		×××
		破産債権、更生債権等		×××
		長期前払費用		×××
		繰延税金資産		×××
		その他		×××
		貸倒引当金		△×××
		投資その他の資産計		×××
		固定資産合計		××××
Ⅲ	繰延資産			
		創立費		×××
		開業費		×××
		株式交付費		×××
		社債発行費		×××
		開発費		×××
		繰延資産合計		××××
		資産合計		××××

負 債 の 部

Ⅰ　流動負債
　　　　支払手形　　　　　　　　　　　　　×××
　　　　工事未払金　　　　　　　　　　　　×××
　　　　短期借入金　　　　　　　　　　　　×××
　　　　未払金　　　　　　　　　　　　　　×××
　　　　未払費用　　　　　　　　　　　　　×××
　　　　未払法人税等　　　　　　　　　　　×××
　　　　繰延税金負債　　　　　　　　　　　×××
　　　　未成工事受入金　　　　　　　　　　×××
　　　　預り金　　　　　　　　　　　　　　×××
　　　　前受収益　　　　　　　　　　　　　×××
　　　　・・・引当金　　　　　　　　　　　×××
　　　　その他　　　　　　　　　　　　　　×××
　　　　　　流動負債合計　　　　　　　　××××
Ⅱ　固定負債
　　　　社債　　　　　　　　　　　　　　　×××
　　　　長期借入金　　　　　　　　　　　　×××
　　　　繰延税金負債　　　　　　　　　　　×××
　　　　・・・引当金　　　　　　　　　　　×××
　　　　負ののれん　　　　　　　　　　　　×××
　　　　その他　　　　　　　　　　　　　　×××
　　　　　　固定負債合計　　　　　　　　××××
　　　　　　　負債合計　　　　　　　　　××××

　　　　　　　純　資　産　の　部
Ⅰ　株主資本
　(1)　資本金　　　　　　　　　　　　　××××
　(2)　新株式申込証拠金　　　　　　　　××××
　(3)　資本剰余金
　　　　資本準備金　　　　　　　　　　　　×××

	その他資本剰余金	×× ×
	資本剰余金合計	××××
(4)	利益剰余金	
	利益準備金	×××
	その他利益剰余金	
	・・・準備金	××
	・・・積立金	××
	繰越利益剰余金	×××
	利益剰余金合計	××××
(5)	自己株式	△××××
(6)	自己株式申込証拠金	××××
	株主資本合計	××××
Ⅱ	評価・換算差額等	
(1)	その他有価証券評価差額金	×××
(2)	繰延ヘッジ損益	×××
(3)	土地再評価差額金	×××
	評価・換算差額等合計	××××
Ⅲ	新株予約権	××××
	純資産合計	××××
	負債純資産合計	××××

記載要領

1 貸借対照表は、一般に公正妥当と認められる企業会計の基準その他の企業会計の慣行をしん酌し、会社の財産の状態を正確に判断することができるよう明瞭に記載すること。

2 勘定科目の分類は、国土交通大臣が定めるところによること。

3 記載すべき金額は、千円単位をもって表示すること。

　ただし、会社法（平成17年法律第86号）第2条第6号に規定する大会社にあっては、百万円単位をもって表示することができる。この場合、「千円」とあるのは「百万円」として記載すること。

4　金額の記載に当たって有効数字がない場合においては、科目の名称の記載を要しない。
5　「流動資産」、「有形固定資産」、「無形固定資産」、「投資その他の資産」、「流動負債」、「固定負債」に属する科目の掲記が「その他」のみである場合においては、科目の記載を要しない。
6　建設業以外の事業を併せて営む場合においては、当該事業の営業取引に係る資産についてその内容を示す適当な科目をもって記載すること。
　ただし、当該資産の金額が資産の総額の100分の1以下のものについては、同一の性格の科目に含めて記載することができる。
7　「流動資産」の「有価証券」又は「その他」に属する親会社株式の金額が資産の総額の100分の1を超えるときは、「親会社株式」の科目をもって記載すること。「投資その他の資産」の「関係会社株式・関係会社出資金」に属する「親会社株式」についても同様に、「投資その他の資産」に「親会社株式」の科目をもって記載すること。
8　流動資産、有形固定資産、無形固定資産又は投資その他の資産の「その他」に属する資産でその金額が資産の総額の100分の1を超えるものについては、当該資産を明示する科目をもって記載すること。
9　記載要領6及び8は、負債の部の記載に準用する。
10　「材料貯蔵品」、「短期貸付金」、「前払費用」、「特許権」、「借地権」及び「のれん」は、その金額が資産の総額の100分の1以下であるときは、それぞれ流動資産の「その他」、無形固定資産の「その他」に含めて記載することができる。
11　記載要領10は、「未払金」、「未払費用」、「預り金」、「前受収益」及び「負ののれん」の表示に準用する。
12　「繰延税金資産」及び「繰延税金負債」は、税効果会計の適用にあたり、一時差異（会計上の簿価と税務上の簿価との差額）の金額に重要性がないために、繰延税金資産又は繰延税金負債を計上しない場合には記載を要しない。

13　流動資産に属する「繰延税金資産」の金額及び流動負債に属する「繰延税金負債」の金額については、その差額のみを「繰延税金資産」又は「繰延税金負債」として流動資産又は流動負債に記載する。固定資産に属する「繰延税金資産」の金額及び固定負債に属する「繰延税金負債」の金額についても、同様とする。

14　各有形固定資産に対する減損損失累計額は、各資産の金額から減損損失累計額を直接控除し、その控除残高を各資産の金額として記載する。

15　「関係会社株式・関係会社出資金」については、いずれか一方がない場合においては、「関係会社株式」又は「関係会社出資金」として記載すること。

16　持分会社である場合においては、「関係会社株式」を投資有価証券に、「関係会社出資金」を投資その他の資産の「その他」に含めて記載することができる。

17　「のれん」の金額及び「負ののれん」の金額については、その差額のみを「のれん」又は「負ののれん」として記載する。

18　持分会社である場合においては、「株主資本」とあるのは「社員資本」と、「新株式申込証拠金」とあるのは「出資金申込証拠金」として記載することとし、資本剰余金及び利益剰余金については、「準備金」と「その他」に区分しての記載を要しない。

19　その他利益剰余金又は利益剰余金合計の金額が負となった場合は、マイナス残高として記載する。

20　「その他有価証券評価差額金」、「繰延ヘッジ損益」及び「土地再評価差額金」のほか、評価・換算差額等に計上することが適当であると認められるものについては、内容を明示する科目をもって記載することができる。

様式第16号（第4条、第10条、第19条の4関係）　　　　　（用紙Ａ４）

損　益　計　算　書

自　平成　　年　　月　　日
至　平成　　年　　月　　日

（会社名）

Ⅰ	売上高		千円
	完成工事高	×××	
	兼業事業売上高	×××	××××
Ⅱ	売上原価		
	完成工事原価	×××	
	兼業事業売上原価	×××	××××
	売上総利益（売上総損失）		
	完成工事総利益（完成工事総損失）	×××	
	兼業事業総利益（兼業事業総損失）	×××	××××
Ⅲ	販売費及び一般管理費		
	役員報酬	×××	
	従業員給料手当	×××	
	退職金	×××	
	法定福利費	×××	
	福利厚生費	×××	
	修繕維持費	×××	
	事務用品費	×××	
	通信交通費	×××	
	動力用水光熱費	×××	
	調査研究費	×××	
	広告宣伝費	×××	
	貸倒引当金繰入額	×××	
	貸倒損失	×××	
	交際費	×××	

	寄付金		×××	
	地代家賃		×××	
	減価償却費		×××	
	開発費償却		×××	
	租税公課		×××	
	保険料		×××	
	雑　費		×××	××××
		営業利益（営業損失）		××××
Ⅳ	営業外収益			
	受取利息配当金		×××	
	その他		×××	××××
Ⅴ	営業外費用			
	支払利息		×××	
	貸倒引当金繰入額		×××	
	貸倒損失		×××	
	その他		×××	××××
		経常利益（経常損失）		××××
Ⅵ	特別利益			
	前期損益修正益		×××	
	その他		×××	××××
Ⅶ	特別損失			
	前期損益修正損		×××	
	その他		×××	××××
	税引前当期純利益（税引前当期純損失）			××××
	法人税、住民税及び事業税		×××	
	法人税等調整額		×××	××××
	当期純利益（当期純損失）			××××

記載要領

　1　損益計算書は、一般に公正妥当と認められる企業会計の基準その他

の企業会計の慣行をしん酌し、会社の損益の状態を正確に判断することができるよう明瞭に記載すること。
2　勘定科目の分類は、国土交通大臣が定めるところによること。
3　記載すべき金額は、千円単位をもって表示すること。
　　ただし、会社法（平成17年法律第86号）第2条第6号に規定する大会社にあっては、百万円単位をもって表示することができる。この場合、「千円」とあるのは「百万円」として記載すること。
4　金額の記載に当たって有効数字がない場合においては、科目の名称の記載を要しない。
5　「兼業事業」とは、建設業以外の事業を併せて営む場合における当該建設業以外の事業をいう。この場合において兼業事業の表示については、その内容を示す適当な名称をもって記載することができる。
　　なお、「兼業事業売上高」（二以上の兼業事業を営む場合においては、これらの兼業事業の売上高の総計）の「売上高」に占める割合が軽微な場合においては、「売上高」、「売上原価」及び「売上総利益（売上総損失）」を建設業と兼業事業とに区分して記載することを要しない。
6　「雑費」に属する費用で「販売費及び一般管理費」の総額の10分の1を超えるものについては、それぞれ当該費用を明示する科目を用いて掲記すること。
7　記載要領6は、営業外収益の「その他」に属する収益及び営業外費用の「その他」に属する費用の記載に準用する。
8　「前期損益修正益」の金額が重要でない場合においては、特別利益の「その他」に含めて記載することができる。
9　特別利益の「その他」については、それぞれ当該利益を明示する科目を用いて掲記すること。
　　ただし、各利益のうち、その金額が重要でないものについては、当該利益を区分掲記しないことができる。
10　「特別利益」に属する科目の掲記が「その他」のみである場合においては、科目の記載を要しない。

11 記載要領 8 は「前期損益修正損」の記載に、記載要領 9 は特別損失の「その他」の記載に、記載要領10は「特別損失」に属する科目の記載にそれぞれ準用すること。
12 「法人税等調整額」は、税効果会計の適用に当たり、一時差異（会計上の簿価と税務上の簿価との差額）の金額に重要性がないために、繰延税金資産又は繰延税金負債を計上しない場合には記載を要しない。
13 税効果会計を適用する最初の事業年度については、その期首に繰延税金資産に記載すべき金額と繰延税金負債に記載すべき金額とがある場合には、その差額を「過年度税効果調整額」として株主資本等変動計算書に記載するものとし、当該差額は「法人税等調整額」には含めない。

（用紙Ａ４）

完成工事原価報告書

自　平成　　年　　月　　日
至　平成　　年　　月　　日

（会社名）

千円

Ⅰ	材料費	×××
Ⅱ	労務費	×××
	（うち労務外注費	××）
Ⅲ	外注費	×××
Ⅳ	経費	×××
	（うち人件費	××）
	完成工事原価	××××

様式第17号(第4条、第10条、第19条の4関係)

(用紙A4)

株 主 資 本 等 変 動 計 算 書

自 平成　年　月　日
至 平成　年　月　日

(会社名)

(単位:千円)

	株主資本									評価・換算差額等				新株予約権	純資産合計
	資本金	資本剰余金			利益剰余金				自己株式	株主資本合計	その他有価証券評価差額金	繰延ヘッジ損益	土地再評価差額金	評価・換算差額等合計		
		資本準備金	その他資本剰余金	資本剰余金合計	利益準備金	その他利益剰余金		利益剰余金合計								
						××積立金	繰越利益剰余金									
前期末残高	×××	×××	×××	×××	×××	×××	×××	×××	△×××	×××	×××	×××	×××	×××	×××	×××
当期変動額																
新株の発行	×××	×××		×××						×××						×××
剰余金の配当							△×××	△×××		△×××						△×××
当期純利益							×××	×××		×××						×××
自己株式の処分									×××	×××						×××
×××××																
株主資本以外の項目の当期変動額(純額)											×××	×××	×××	×××	×××	×××
当期変動額合計	×××	×××		×××			×××	×××	△×××	×××	×××	×××	×××	×××	×××	×××
当期末残高	×××	×××	×××	×××	×××	×××	×××	×××	△×××	×××	×××	×××	×××	×××	×××	×××

記載要領

1　株主資本等変動計算書は、一般に公正妥当と認められる企業会計の基準その他の企業会計の慣行をしん酌し、純資産の部の変動の状態を正確に判断することができるよう明瞭に記載すること。

2　勘定科目の分類は、国土交通大臣が定めるところによること。

3　記載すべき金額は、千円単位をもって表示すること。
　ただし、会社法（平成17年法律第86号）第2条第6号に規定する大会社にあっては、百万円単位をもって表示することができる。この場合、「千円」とあるのは「百万円」として記載すること。

4　金額の記載に当たって有効数字がない場合においては、項目の名称の記載を要しない。

5　その他利益剰余金については、その内訳科目の前期末残高、当期変動額（変動事由ごとの金額）及び当期末残高を株主資本等変動計算書に記載することに代えて、注記により開示することができる。この場合には、その他利益剰余金の前期末残高、当期変動額及び当期末残高の各合計額を株主資本等変動計算書に記載する。

6　評価・換算差額等については、その内訳科目の前期末残高、当期変動額（当期変動額については主な変動事由にその金額を表示する場合には、変動事由ごとの金額を含む。）及び当期末残高を株主資本等変動計算書に記載することに代えて、注記により開示することができる。この場合には、評価・換算差額等の前期末残高、当期変動額及び当期末残高の各合計額を株主資本等変動計算書に記載する。

7　各合計額の記載は、株主資本合計を除き省略することができる。

8　株主資本の各項目の変動事由及びその金額の記載は、概ね貸借対照表における表示の順序による。

9　株主資本の各項目の変動事由には、例えば以下のものが含まれる。
　(1)　当期純利益又は当期純損失
　(2)　新株の発行又は自己株式の処分
　(3)　剰余金（その他資本剰余金又はその他利益剰余金）の配当

(4)　自己株式の取得
　(5)　自己株式の消却
　(6)　企業結合（合併、会社分割、株式交換、株式移転など）による増加又は分割型の会社分割による減少
　(7)　株主資本の計数の変動
　　①　資本金から準備金又は剰余金への振替
　　②　準備金から資本金又は剰余金への振替
　　③　剰余金から資本金又は準備金への振替
　　④　剰余金の内訳科目間の振替
10　剰余金の配当については、剰余金の変動事由として当期変動額に表示する。
11　税効果会計を適用する最初の事業年度については、その期首に繰延税金資産に記載すべき金額と繰延税金負債に記載すべき金額とがある場合には、その差額を「過年度税効果調整額」として繰越利益剰余金の当期変動額に表示する。
12　新株の発行の効力発生日に資本金又は資本準備金の額の減少の効力が発生し、新株の発行により増加すべき資本金又は資本準備金と同額の資本金又は資本準備金の額を減少させた場合には、変動事由の表示方法として、以下のいずれかの方法により記載するものとする。
　(1)　新株の発行として、資本金又は資本準備金の額の増加を記載し、また、株主資本の計数の変動手続き（資本金又は資本準備金の額の減少に伴うその他資本剰余金の額の増加）として、資本金又は資本準備金の額の減少及びその他資本剰余金の額の増加を記載する方法。
　(2)　新株の発行として、直接、その他資本剰余金の額の増加を記載する方法。
　　　企業結合の効力発生日に資本金又は資本準備金の額の減少の効力が発生した場合についても同様に取り扱う。
13　株主資本以外の各項目の当期変動額は、純額で表示するが、主な変動事由及びその金額を表示することができる。当該表示は、変動事由

又は金額の重要性などを勘案し、事業年度ごとに、また、項目ごとに選択することができる。

14 株主資本以外の各項目の主な変動事由及びその金額を表示する場合、以下の方法を事業年度ごとに、また、項目ごとに選択することができる。

 (1) 株主資本等変動計算書に主な変動事由及びその金額を表示する方法

 (2) 株主資本等変動計算書に当期変動額を純額で記載し、主な変動事由及びその金額を注記により開示する方法

15 株主資本以外の各項目の主な変動事由及びその金額を表示する場合、当該変動事由には、例えば以下のものが含まれる。

 (1) 評価・換算差額等

  ① その他有価証券評価差額金

   その他有価証券の売却又は減損処理による増減

   純資産の部に直接計上されたその他有価証券評価差額金の増減

  ② 繰延ヘッジ損益

   ヘッジ対象の損益認識又はヘッジ会計の終了による増減

   純資産の部に直接計上された繰延ヘッジ損益の増減

 (2) 新株予約権

  新株予約権の発行

  新株予約権の取得

  新株予約権の行使

  新株予約権の失効

  自己新株予約権の消却

  自己新株予約権の処分

16 株主資本以外の各項目のうち、その他有価証券評価差額金について、主な変動事由及びその金額を表示する場合、時価評価の対象となるその他有価証券の売却又は減損処理による増減は、原則として、以下のいずれかの方法により計算する。

(1) 損益計算書に計上されたその他有価証券の売却損益等の額に税効果を調整した後の額を表示する方法
(2) 損益計算書に計上されたその他有価証券の売却損益等の額を表示する方法

　この場合、評価・換算差額等に対する税効果の額を、別の変動事由として表示する。また、当該税効果の額の表示は、評価・換算差額等の内訳項目ごとに行う方法、その他有価証券評価差額金を含む評価・換算差額等に対する税効果の額の合計による方法のいずれによることもできる。また、繰延ヘッジ損益についても同様に取り扱う。

　なお、税効果の調整の方法としては、例えば、評価・換算差額等の増減があった事業年度の法定実効税率を使用する方法や繰延税金資産の回収可能性を考慮した税率を使用する方法などがある。

17　持分会社である場合においては、「株主資本等変動計算書」とあるのは「社員資本等変動計算書」と、「株主資本」とあるのは「社員資本」として記載する。

様式第17号の2　(第4条、第10条、第19条の4関係)

(用紙A4)

注　記　表

自　平成　　年　　月　　日
至　平成　　年　　月　　日

(会社名)

注
1　継続企業の前提に重要な疑義を抱かせる事象又は状況
2　重要な会計方針
　(1)　資産の評価基準及び評価方法
　(2)　固定資産の減価償却の方法
　(3)　引当金の計上基準

(4)　収益及び費用の計上基準
　(5)　消費税及び地方消費税に相当する額の会計処理の方法
　(6)　その他貸借対照表、損益計算書、株主資本等変動計算書、注記表作成のための基本となる重要な事項
3　貸借対照表関係
　(1)　担保に供している資産及び担保付債務
　　①　担保に供している資産の内容及びその金額
　　②　担保に係る債務の金額
　(2)　保証債務、手形遡及債務、重要な係争事件に係る損害賠償義務等の内容及び金額
　(3)　関係会社に対する短期金銭債権及び長期金銭債権並びに短期金銭債務及び長期金銭債務
　(4)　取締役、監査役及び執行役との間の取引による取締役、監査役及び執行役に対する金銭債権及び金銭債務
　(5)　親会社株式の各表示区分別の金額
4　損益計算書関係
　(1)　工事進行基準による完成工事高
　(2)　「売上高」のうち関係会社に対する部分
　(3)　「売上原価」のうち関係会社からの仕入高
　(4)　関係会社との営業取引以外の取引高
　(5)　研究開発費の総額（会計監査人を設置している会社に限る。）
5　株主資本等変動計算書関係
　(1)　事業年度末日における発行済株式の種類及び数
　(2)　事業年度末日における自己株式の種類及び数
　(3)　剰余金の配当
　(4)　事業年度末において発行している新株予約権の目的となる株式の種類及び数
6　税効果会計
7　リースにより使用する固定資産

8　関連当事者との取引

取引の内容

属性	会社等の名称又は氏名	議決権の所有（被所有）割合	関係内容	科目	期末残高（千　円）

但し、会計監査人を設置している会社は以下の様式により記載する。

(1) 取引の内容

属性	会社等の名称又は氏名	議決権の所有（被所有）割合	関係内容	取引の内容	取引金額	科目	期末残高（千　円）

(2) 取引条件及び取引条件の決定方針

(3) 取引条件の変更の内容及び変更が貸借対照表、損益計算書に与える影響の内容

9　一株当たり情報

(1) 一株当たりの純資産額

(2) 一株当たりの当期純利益又は当期純損失

10　重要な後発事象

11　連結配当規制適用の有無

12　その他

記載要領（抄）

1　記載を要する注記は、以下の通りとする。

	株式会社			持分会社
	会計監査人設置会社	会計監査人なし		
		公開会社	株式譲渡制限会社	
1　継続企業の前提に重要な疑義を抱かせる事象又は状況	○	×	×	×
2　重要な会計方針	○	○	○	○
3　貸借対照表関係	○	○	×	×
4　損益計算書関係	○	○	×	×
5　株主資本等変動計算書関係	○	○	○	○
6　税効果会計	○	○	×	×
7　リースにより使用する固定資産	○	○	×	×
8　関連当事者との取引	○	○	×	×
9　一株当たり情報	○	○	×	×
10　重要な後発事象	○	○	×	×

| 11 | 連結配当規制適用の有無 | ○ | × | × | × |
| 12 | その他 | ○ | ○ | ○ | ○ |

【凡例】○・・・記載要、×・・・記載不要

2 注記事項は、貸借対照表、損益計算書、株主資本等変動計算書の適当な場所に記載することができる。この場合、注記表の当該部分への記載は要しない。

3 記載すべき金額は、注9を除き千円単位をもって表示すること。

ただし、会社法（平成17年法律第86号）第2条第6号に規定する大会社にあっては、百万円単位をもって表示することができる。この場合、「千円」とあるのは「百万円」として記載すること。

4 注に掲げる事項で該当事項がない場合においては、「該当なし」と記載すること。

5 貸借対照表、損益計算書、株主資本等変動計算書の特定の項目に関連する注記については、その関連を明らかにして記載する。

6 注に掲げる事項の記載にあたっては、以下の要領に従って記載する。

注1 事業年度の末日において財務指標の悪化の傾向、重要な債務の不履行等財政破綻の可能性その他会社が将来にわたって事業を継続するとの前提に重要な疑義を抱かせる事象又は状況が存在する場合、当該事象又は状況が存在する旨及びその内容、重要な疑義の存在の有無、当該事象又は状況を解消又は大幅に改善するための経営者の対応及び経営計画、当該重要な疑義の影響の貸借対照表、損益計算書、株主資本等変動計算書及び注記表への反映の有無を記載する。

注2 会計処理の原則又は手続を変更したときは、その旨、変更の理由及び当該変更が貸借対照表、損益計算書、株主資本等変動計算書及び注記表に与えている影響の内容を、表示方法を変更したときは、その内容を追加して記載する。重要性の乏しい変更は、記載を要しない。

(5) 税抜方式及び税込方式のうち貸借対照表及び損益計算書の作成に当たって採用したものを記載する。ただし、経営状況分析申請

書又は経営規模等評価申請書に添付する場合には、税抜方式を採用すること。
注3
(1) 担保に供している資産及び担保に係る債務は、勘定科目別に記載する。
(2) 保証債務、手形遡及債務、損害賠償義務等（負債の部に計上したものを除く。）の種類別に総額を記載する。
(3) 総額を記載するものとし、関係会社別の金額は記載することを要しない。
(4) 総額を記載するものとし、取締役、執行役、会計参与又は監査役別の金額は記載することを要しない。
(5) 貸借対照表に区分掲記している場合は、記載を要しない。

注4
(1) 工事進行基準を採用していない場合は、記載を要しない。
(2) 総額を記載するものとし、関係会社別の金額は記載することを要しない。
(3) 総額を記載するものとし、関係会社別の金額は記載することを要しない。
(4) 総額を記載するものとし、関係会社別の金額は記載することを要しない。

注5
(3) 事業年度中に行った剰余金の配当（事業年度末日後に行う剰余金の配当のうち、剰余金の配当を受ける者を定めるための会社法第124条第1項に規定する基準日が事業年度中のものを含む。）について、配当を実施した回ごとに、決議機関、配当総額、一株当たりの配当額、基準日及び効力発生日について記載する。

注6　繰延税金資産及び繰延税金負債の発生原因を定性的に記載する。
注7　ファイナンス・リース取引（リース取引のうち、リース契約に基づく期間の中途において当該リース契約を解除することができな

いもの又はこれに準ずるもので、リース物件（当該リース契約により使用する物件をいう。）の借主が、当該リース物件からもたらされる経済的利益を実質的に享受することができ、かつ、当該リース物件の使用に伴って生じる費用等を実質的に負担することとなるものをいう。）の借主である株式会社が当該ファイナンス・リース取引について通常の売買取引に係る方法に準じて会計処理を行っていない重要な固定資産について、定性的に記載する。

　「重要な固定資産」とは、リース資産全体に重要性があり、かつ、リース資産の中に基幹設備が含まれている場合の当該基幹設備をいう。リース資産全体の重要性の判断基準は、当期支払リース料の当期支払リース料と当期減価償却費との合計に対する割合についておおむね1割程度とする。

　ただし、資産の部に計上するものは、この限りでない。
注8　「関連当事者」とは、会社計算規則第140条第4項に定める者をいい、記載にあたっては、関連当事者ごとに記載する。重要性の乏しい取引については記載を要しない。
　⑴　関連当事者との取引のうち以下の取引は記載を要しない。
　　①　一般競争入札による取引並びに預金利息及び配当金の受取りその他取引の性質からみて取引条件が一般の取引と同様であることが明白な取引
　　②　取締役、執行役、会計参与又は監査役に対する報酬等の給付
　　③　その他、当該取引に係る条件につき市場価格その他当該取引に係る公正な価格を勘案して一般の取引の条件と同様のものを決定していることが明白な取引
注11　会社計算規則第186条第4号に規定する配当規制を適用する場合に、その旨を記載する。
注12　注1から注11に掲げた事項のほか、貸借対照表、損益計算書及び株主資本等変動計算書により会社の財産又は損益の状態を正確に判断するために必要な事項を記載する。

様式第17号の3 （第4条、第10条関係）

（用紙Ａ４）

附　属　明　細　表

平成　　年　　月　　日現在

1　完成工事未収入金の詳細

相手先別内訳

相　手　先	金　　額
	千円
計	

滞留状況

発　生　時	完成工事未収入金
当 期 計 上 分	千円
前期以前計上分	
計	

2　短期貸付金明細表

相　手　先	金　　額
	千円
計	

3　長期貸付金明細表

相　手　先	金　　額
	千円
計	

4　関係会社貸付金明細表

関係会社名	期 首 残 高	当期増加額	当期減少額	期 末 残 高	摘　　要
	千円	千円	千円	千円	
計					―

5　関係会社有価証券明細表

<table>
<tr><td rowspan="3">株式</td><td rowspan="2">銘柄</td><td rowspan="2">一株の金額</td><td colspan="3">期首残高</td><td colspan="2">当期増加額</td><td colspan="2">当期減少額</td><td colspan="3">期末残高</td><td rowspan="2">摘要</td></tr>
<tr><td>株式数</td><td>取得価額</td><td>貸借対照表計上額</td><td>株式数</td><td>金額</td><td>株式数</td><td>金額</td><td>株式数</td><td>取得価額</td><td>貸借対照表計上額</td></tr>
<tr><td></td><td>千円</td><td>千円</td><td>千円</td><td></td><td>千円</td><td></td><td>千円</td><td></td><td>千円</td><td>千円</td><td></td></tr>
<tr><td>計</td><td colspan="12"></td></tr>
</table>

<table>
<tr><td rowspan="3">社債</td><td rowspan="2">銘柄</td><td colspan="2">期首残高</td><td rowspan="2">当期増加額</td><td rowspan="2">当期減少額</td><td colspan="2">期末残高</td><td rowspan="2">摘要</td></tr>
<tr><td>取得価額</td><td>貸借対照表計上額</td><td>取得価額</td><td>貸借対照表計上額</td></tr>
<tr><td>千円</td><td>千円</td><td>千円</td><td>千円</td><td>千円</td><td>千円</td><td></td></tr>
<tr><td>計</td><td colspan="7"></td></tr>
</table>

<table>
<tr><td rowspan="2">その他の有価証券</td><td colspan="7"></td></tr>
<tr><td>計</td><td colspan="7"></td></tr>
</table>

6　関係会社出資金明細表

関係会社名	期首残高	当期増加額	当期減少額	期末残高	摘　要
	千円	千円	千円	千円	
計					―

7　短期借入金明細表

借　入　先	金　　額	返　済　期　日	摘　　要
	千円		
計			―

8　長期借入金明細表

借　入　先	期首残高	当期増加額	当期減少額	期末残高	摘　要
	千円	千円	千円	千円	
計					―

9　関係会社借入金明細表

関係会社名	期首残高	当期増加額	当期減少額	期末残高	摘　　要
	千円	千円	千円	千円	
計					―

10　保証債務明細表

相　手　先	金　　額
	千円
計	

記載要領

第1　一般的事項

1　「親会社」とは、会社法（平成17年法律第86号）第2条第4号に定める会社をいい、「子会社」とは、会社法第2条第3号に定める会社をいう。

2　「関連会社」とは、会社計算規則（平成18年法務省令第13号）第2条第3項第19号に定める会社をいう。

3　「関係会社」とは、会社計算規則第2条第3項第23号に定める会社をいう。

4　金融商品取引法（昭和23年法律第25号）第24条の規定により、有価証券報告書を内閣総理大臣に提出しなければならない者については、附属明細表の4、5、6及び9の記載を省略することができる。この場合、同条の規定により提出された有価証券報告書に記載された連結貸借対照表の写しを添付しなければならない。

5　記載すべき金額は、千円単位をもって表示すること。

　　ただし、会社法第2条第6号に規定する大会社にあっては、百万円単位をもって表示することができる。この場合、「千円」とあるのは、「百万円」として記載すること。

第2　個別事項
　1　完成工事未収入金の詳細
　　(1)　別記様式第15号による貸借対照表（以下単に「貸借対照表」という。）の流動資産の完成工事未収入金について、その主な相手先及び相手先ごとの額を記載すること。
　　(2)　同一の相手先について契約口数が多数ある場合には、相手先別に一括して記載することができる。
　　(3)　滞留状況については、当期計上分（1年未満）及び前期以前計上分（1年以上）に分け、各々の合計額を記載すること。
　2　短期貸付金明細表
　　(1)　貸借対照表の流動資産の短期貸付金について、その主な相手先及び相手先ごとの額を記載すること。ただし、当該科目の額が資産総額の100分の1以下である時は記載を省略することができる。
　　(2)　同一の相手先について契約口数が多数ある場合には、相手先別に一括して記載することができる。
　　(3)　関係会社に対するものはまとめて記載することができる。
　3　長期貸付金明細表
　　(1)　貸借対照表の固定資産の長期貸付金について、その主な相手先及び相手先ごとの額を記載すること。ただし、当該科目の額が資産総額の100分の1以下である時は記載を省略することができる。
　　(2)　同一の相手先について契約口数が多数ある場合には、相手先別に一括して記載することができる。
　　(3)　関係会社に対するものはまとめて記載することができる。
　4　関係会社貸付明細表
　　(1)　貸借対照表の短期貸付金、長期貸付金その他資産に含まれる関係会社貸付金について、その関係会社名及び関係会社ごとの額を記載すること。ただし、当該科目の額が資産総額の100分の1以下である時は記載を省略することができる。
　　(2)　関係会社貸付金は貸借対照表の勘定科目ごとに区別して記載し、

親会社、子会社、関連会社及びその他の関係会社について各々の合計額を記載すること。
(3) 摘要の欄には、貸付の条件（返済期限（分割返済条件のある場合にはその条件）及び担保物件の種類）について記載すること。重要な貸付金で無利息又は特別の条件による利率が約定されているものについては、その旨及び当該利率について記載すること。
(4) 同一の関係会社について契約口数が多数ある場合には、関係会社別に一括し、担保及び返済期限について要約して記載することができる。
5 関係会社有価証券明細表
(1) 貸借対照表の有価証券、流動資産の「その他」、投資有価証券、関係会社株式・関係会社出資金及び投資その他の資産の「その他」に含まれる関係会社有価証券について、その銘柄及び銘柄ごとの額を記載すること。ただし、当該科目の額が資産総額の100分の1以下である時は記載を省略することができる。
(2) 当該有価証券の発行会社について、附属明細表提出会社との関係（親会社、子会社等の関係）を摘要欄に記載すること。
(3) 社債の銘柄は、「何会社物上担保付社債」のように記載すること。なお、新株予約権が付与されている場合には、その旨を付記すること。
(4) 取得価額及び貸借対照表計上額については、その算定の基準とした評価基準及び評価方法を摘要欄に記載すること。ただし、評価基準及び評価方法が別記様式第17号の2による注記表（以下単に「注記表」という。）の2により記載されている場合には、その記載を省略することができる。
(5) 当期増加額及び当期減少額がともにない場合には、期首残高、当期増加額及び当期減少額の各欄を省略した様式に記載することができる。この場合には、その旨を摘要欄に記載すること。
(6) 一の関係会社の有価証券の総額と当該関係会社に対する債権の総

額との合計額が附属明細表提出会社の資産の総額の100分の1を超える場合、一の関係会社に対する債務の総額が附属明細表提出会社の負債及び純資産の合計額が100分の1を超える場合又は一の関係会社に対する売上高が附属明細表提出会社の売上額の総額の100分の20を超える場合には、当該関係会社の発行済株式の総数に対する所有割合、社債の未償還残高その他当該関係会社との関係内容（例えば、役員の兼任、資金援助、営業上の取引、設備の賃貸借等の関係内容）を注記すること。

(7) 株式のうち、会社法第308条第1項の規定により議決権を有しないものについては、その旨を摘要欄に記載すること。

6　関係会社出資金明細表

(1) 貸借対照表の関係会社株式・関係会社出資金及び投資その他の資産の「その他」に含まれる関係会社出資金について、その関係会社名及び関係会社ごとの額を記載すること。ただし、当該科目の額が資産総額の100分の1以下である時は記載を省略することができる。

(2) 出資金額の重要なものについては、出資の条件（1口の出資金額、出資口数、譲渡制限等の諸条件）を摘要欄に記載すること。

(3) 本表に記載されている会社であって、第2の5の(6)に定められた会社と同一の条件のものがある場合には、当該関係会社に対してはこれに準じて注記すること。

7　短期借入金明細表

(1) 貸借対照表の流動負債の短期借入金について、その借入先及び借入先ごとの額を記載すること。ただし、比較的借入額が少額なものについては、無利息又は特別な利率が約定されている場合を除き、まとめて記載することができる。

(2) 設備資金と運転資金に分けて記載すること。

(3) 摘要の欄には、資金使途、借入の条件（担保、無利息の場合にはその旨、特別の利率が約定されている場合には当該利率）等について記載すること。

(4)　同一の借入先について契約口数が多数ある場合には、借入先別に一括し、返済期限、資金使途及び借入の条件について要約して記載することができる。
　(5)　関係会社からのものはまとめて記載することができる。
8　長期借入金明細表
　(1)　貸借対照表の固定負債の長期借入金及び契約期間が1年を超える借入金で最終の返済期限が1年内に到来するもの又は最終の返済期限が1年後に到来するもののうち1年内の分割返済予定額で貸借対照表において流動負債として掲げられているものについて、その借入先及び借入先ごとの額を記載すること。ただし、比較的借入額が少額なものについては、無利息又は特別な利率が約定されているものを除き、まとめて記載することができる。
　(2)　契約期間が1年を超える借入金で最終の返済期限が1年内に到来するもの又は最終の返済期限が1年後に到来するもののうち1年内の分割返済予定額で貸借対照表において流動負債として掲げられているものについては、当期減少額として記載せず、期末残高に含めて記載すること。この場合においては、期末残高欄に内書(括弧書)として記載し、その旨を注記すること。
　(3)　摘要の欄には、借入金の使途及び借入の条件(返済期限(分割返済条件のある場合にはその条件)及び担保物件の種類)について記載すること。重要な借入金で無利息又は特別の条件による利率が約定されているものについては、その旨及び当該利率について記載すること。
　(4)　同一の借入先について契約口数が多数ある場合には、借入先別に一括し、使途、担保及び返済期限について要約して記載することができる。この場合においては、借入先別に一括されたすべての借入金について当該貸借対照表日以後3年間における1年ごとの返済予定額を注記すること。
　(5)　関係会社からのものはまとめて記載することができる。

9　関係会社借入金明細表
(1)　貸借対照表の短期借入金、長期借入金その他負債に含まれる関係会社借入金について、その関係会社名及び関係会社ごとの額を記載すること。ただし、当該科目の額が資産総額の100分の1以下である時は記載を省略することができる。
(2)　関係会社借入金は貸借対照表の勘定科目ごとに区別して記載し、親会社、子会社、関連会社及びその他の関係会社について各々の合計額を記載すること。
(3)　短期借入金については、第2の7の(3)及び(4)に準じて記載し、長期借入金については、第2の8の(2)、(3)及び(4)に準じて記載すること。

10　保証債務明細表
(1)　注記表の3の(2)の保証債務額について、その相手先及び相手先ごとの額を記載すること。
(2)　注記表の3の(2)において、相手先及び相手先ごとの額が記載されている時は記載を省略することができる。
(3)　同一の相手先について契約口数が多数ある場合には、相手先別に一括して記載することができる。

(個人の場合)

様式第18号(第4条、第10条、第19条の4関係)

(用紙A4)

貸 借 対 照 表

平成　　年　　月　　日現在

(商号又は名称)

資 産 の 部

I	流動資産	千円
	現金預金	××
	受取手形	××
	完成工事未収入金	××
	有価証券	××
	未成工事支出金	××
	材料貯蔵品	××
	その他	××
	貸倒引当金	△××
	流動資産合計	×××
II	固定資産	
	建物・構築物	××
	機械・運搬具	××
	工具器具・備品	××
	土　地	××
	建設仮勘定	××
	破産債権、更生債権等	××
	その他	△××
	固定資産合計	×××
	資産合計	×××

負 債 の 部

I　流動負債

	支払手形	××
	工事未払金	××
	短期借入金	××
	未払金	××
	未成工事受入金	××
	預り金	××
	・・・引当金	××
	その他	××
	流動負債合計	×××
Ⅱ 固定負債		
	長期借入金	××
	その他	××
	固定負債合計	×××
	負債合計	×××

純　資　産　の　部

期首資本金		××
事業主借勘定		××
事業主貸勘定		△××
事業主利益		××
純資産合計		×××
負債純資産合計		×××

注　消費税及び地方消費税に相当する額の会計処理の方法

記載要領
1　貸借対照表は、財産の状態を正確に判断することができるよう明瞭に記載すること。
2　下記以外の勘定科目の分類は、法人の勘定科目の分類によること。
　　期首資本金―――前期末の資本合計
　　事業主借勘定――事業主が事業外資金から事業のために借りたもの

　　　　事業主貸勘定――事業主が営業の資金から家事費等に充当したもの
　　　　事業主利益（事業主損失）――損益計算書の事業主利益（事業主損失）
3　記載すべき金額は、千円単位をもって表示すること。
4　金額の記載に当たって有効数字がない場合においては、科目の名称の記載を要しない。
5　「流動資産」、「有形固定資産」、「無形固定資産」、「投資その他の資産」、「流動負債」、「固定負債」に属する科目の掲記が「その他」のみである場合においては、科目の記載を要しない。
6　流動資産の「その他」又は固定資産の「その他」に属する資産で、その金額が資産の総額の100分の1を超えるものについては、当該資産を明示する科目をもって記載すること。
7　記載要領6は、負債の部の記載に準用する。
8　「・・・引当金」には、完成工事補償引当金その他の当該引当金の設定科目を示す名称を付した科目をもって掲記すること。
9　注は、税抜方式及び税込方式のうち貸借対照表及び損益計算書の作成に当たって採用したものをいう。
　　　ただし、経営状況分析申請書又は経営規模等評価申請書に添付する場合には、税抜方式を採用すること。

（個人の場合）

様式第19号（第4条、第10条、第19条の4関係）

（用紙Ａ４）

損 益 計 算 書

自 平成　　年　　月　　日
至 平成　　年　　月　　日

（商号又は名称）

千円

Ⅰ　完成工事高　　　　　　　　　　　　　　　　　　×××
Ⅱ　完成工事原価
　　材料費　　　　　　　　　　　　　××
　　労務費　　　　　　　　　　　　　××
　　　（うち労務外注費　　××）
　　外注費　　　　　　　　　　　　　××
　　経　費　　　　　　　　　　　　　<u>××</u>　　　×××
　　完成工事総利益（完成工事総損失）　　　　　　×××
Ⅲ　販売費及び一般管理費
　　従業員給料手当　　　　　　　　　××
　　退職金　　　　　　　　　　　　　××
　　法定福利費　　　　　　　　　　　××
　　福利厚生費　　　　　　　　　　　××
　　維持修繕費　　　　　　　　　　　××
　　事務用品費　　　　　　　　　　　××
　　通信交通費　　　　　　　　　　　××
　　動力用水光熱費　　　　　　　　　××
　　広告宣伝費　　　　　　　　　　　××
　　交際費　　　　　　　　　　　　　××
　　寄付金　　　　　　　　　　　　　××
　　地代家賃　　　　　　　　　　　　××

	減価償却費		××	
	租税公課		××	
	保険料		××	
	雑　費		××	×××
	営業利益（営業損失）			×××
Ⅳ	営業外収益			
	受取利息配当金		××	
	その他		××	×××
Ⅴ	営業外費用			
	支払利息		××	
	その他		××	×××
	事業主利益（事業主損失）			×××

注　工事進行基準による「完成工事高」

記載要領

1　損益計算書は、損益の状態を正確に判断することができるよう明瞭に記載すること。

2　「事業主利益（事業主損失）」以外の勘定科目の分類は、法人の勘定科目の分類によること。

3　記載すべき金額は、千円単位をもって表示すること。

4　金額の記載に当たって有効数字がない場合においては、科目の名称の記載を要しない。

5　建設業以外の事業（以下「兼業事業」という。）を併せて営む場合において兼業事業における売上高が総売上高の10分の1を超えるときは、兼業事業の売上高及び売上原価を建設業と区分して表示すること。

6　「雑費」に属する費用で、「販売費及び一般管理費」の総額の10分の1を超えるものについては、それぞれ当該費用を明示する科目を用いて掲記すること。

7　記載要領6は、営業外収益の「その他」に属する収益及び営業外費

用の「その他」に属する費用の記載に準用する。
8　注は、工事進行基準による完成工事高が完成工事高の総額の10分の1を超える場合に記載すること。

〔資料２〕
◯勘定科目の分類

昭和57年10月12日建設省告示第1660号
（一部改正昭和59年 6 月 1 日建設省告示第1017号
　　　　　平成元年 4 月 1 日建設省告示第917号
　〃　　　平成 3 年 6 月20日建設省告示第1274号
　〃　　　平成 9 年 3 月26日建設省告示第922号
　〃　　　平成10年 6 月18日建設省告示第1363号
　〃　　　平成11年 3 月31日建設省告示第1058号
　〃　　　平成12年12月12日建設省告示第2345号
　〃　　　平成13年 6 月 5 日国土交通省告示第997号
　〃　　　平成13年11月30日国土交通省告示第1674号
　〃　　　平成14年 6 月28日国土交通省告示第533号
　〃　　　平成16年 4 月 1 日国土交通省告示第409号
　〃　　　平成18年 7 月 7 日国土交通省告示第748号
　〃　　　平成20年 1 月31日国土交通省告示第87号）

　建設業法施行規則（昭和24年建設省令第14号）別記様式第15号及び第16号の国土交通大臣の定める勘定科目の分類を次のとおり定める。

　なお、昭和50年建設省告示第788号は、廃止する。

貸　借　対　照　表

科　　　目	摘　　　　　　要
〔資産の部〕 Ⅰ　流　動　資　産 　　現　金　預　金	現　金 　現金、小切手、送金小切手、送金為替手形、郵便為替証書、振替貯金払出証書等 預　金 　金融機関に対する預金、郵便貯金、郵便振替貯金、金銭信託等で決算期後１年以内に現金化できると認められるもの。ただし、当初の履行期が１年を超え、又は超えると認められたものは、投資その他の資産に記載することができる。
受　取　手　形	営業取引に基づいて発生した手形債権（割引に付した受取手形及び裏書譲渡した受取手形の金額は、控除して別に注記する。）。ただし、このうち破産債権、再生債権、更生債権その他これらに準ずる債権で決算期後１年以内に弁済を受けられないことが明らかなものは、

科　　目	摘　　　　要
完成工事未収入金	完成工事高に計上した工事に係る請負代金（税抜方式を採用する場合も取引に係る消費税額及び地方消費税額を含む。以下同じ。）の未収額。ただし、このうち破産債権、再生債権、更生債権その他これらに準ずる債権で決算期後1年以内に弁済を受けられないことが明らかなものは、投資その他の資産に記載する。投資その他の資産に記載する。
有　価　証　券	時価の変動により利益を得ることを目的として保有する有価証券及び決算期後1年以内に満期の到来する有価証券
未成工事支出金	引渡しを完了していない工事に要した工事費並びに材料購入、外注のための前渡金、手付金等。ただし、長期の未成工事に要した工事費で工事進行基準によって完成工事原価に含めたものを除く。
材 料 貯 蔵 品	手持ちの工事用材料及び消耗工具器具等並びに事務用消耗品等のうち未成工事支出金、完成工事原価又は販売費及び一般管理費として処理されなかつたもの
短 期 貸 付 金	決算期後1年以内に返済されると認められるもの。ただし、当初の返済期が1年を超え、又は超えると認められたものは、投資その他の資産（長期貸付金）に記載することができる。
前　払　費　用	未経過保険料、未経過支払利息、前払賃借料等の費用の前払で決算期後1年以内に費用となるもの。ただし、当初1年を超えた後に費用となるものとして支出されたものは、投資その他の資産（長期前払費用）に記載することができる。
繰 延 税 金 資 産	税効果会計の適用により資産として計上される金額のうち、次の各号に掲げるものをいう。 1　流動資産に属する資産又は流動負債に属する負債に関連するもの 2　特定の資産又は負債に関連しないもので決算期後1年以内に取り崩されると認められるもの
そ　の　他	完成工事未収入金以外の未収入金及び営業取引以外の取引によつて生じた未収入金、営業外受取手形その他

〔資料2〕勘定科目の分類

科　　目	摘　　　　要
貸倒引当金	決算期後1年以内に現金化できると認められるもので他の流動資産科目に属さないもの。ただし、営業取引以外の取引によつて生じたものについては、当初の履行期が1年を超え、又は超えると認められたものは、投資その他の資産に記載することができる。 受取手形、完成工事未収入金等流動資産に属する債権に対する貸倒見込額を一括して記載する。

Ⅱ　固　定　資　産
(1)　有形固定資産

科　　目	摘　　　　要
建　物・構築物	次の建物及び構築物をいう。
建　　　　物	社屋、倉庫、車庫、工場、住宅その他の建物及びこれらの付属設備
構　　築　　物	土地に定着する土木設備又は工作物
機　械・運搬具	次の機械装置、船舶、航空機及び車両運搬具をいう。
機　械　装　置	建設機械その他の各種機械及び装置
船　　　　舶	船舶及び水上運搬具
航　　空　　機	飛行機及びヘリコプター
車　両　運　搬　具	鉄道車両、自動車その他の陸上運搬具
工具器具・備品	次の工具器具及び備品をいう。
工　具　器　具	各種の工具又は器具で耐用年数が1年以上かつ取得価額が相当額以上であるもの（移動性仮設建物を含む。)
備　　　　品	各種の備品で耐用年数が1年以上かつ取得価額が相当額以上であるもの
土　　　　地	自家用の土地
建　設　仮　勘　定	建設中の自家用固定資産の新設又は増設のために要した支出
そ　　の　　他	他の有形固定資産科目に属さないもの

(2)　無形固定資産

科　　目	摘　　　　要
特　　許　　権	有償取得又は有償創設したもの
借　　地　　権	有償取得したもの（地上権を含む。)
の　　れ　　ん	合併、事業譲渡等により取得した事業の取得原価が、取得した資産及び引き受けた負債に配分された純額を上回る場合の超過額

科　　目	摘　　　　　要
そ　の　他	有償取得又は有償創設したもので他の無形固定資産科目に属さないもの
(3)　投資その他の資産	
投 資 有 価 証 券	流動資産に記載された有価証券以外の有価証券。ただし、関係会社株式に属するものを除く。
関係会社株式・関係会社出資金	次の関係会社株式及び関係会社出資金をいう。
関係会社株式	会社計算規則（平成18年法務省令第13号）第2条第3項第23号に定める関係会社の株式
関係会社出資金	会社計算規則第2条第3項第23号に定める関係会社に対する出資金
長 期 貸 付 金	流動資産に記載された短期貸付金以外の貸付金
破産債権、更生債権等	完成工事未収入金、受取手形等の営業債権及び貸付金、立替金等のその他の債権のうち破産債権、再生債権、更生債権その他これらに準ずる債権で決算期後1年以内に弁済を受けられないことが明らかなもの
長 期 前 払 費 用	未経過保険料、未経過支払利息、前払賃貸料等の費用の前払で流動資産に記載された前払費用以外のもの
繰 延 税 金 資 産	税効果会計の適用により資産として計上される金額のうち、流動資産の繰延税金資産として記載されたもの以外のもの
そ　の　他	長期保証金等1年を超える債権、出資金（関係会社に対するものを除く。）等他の投資その他の資産科目に属さないもの
貸 倒 引 当 金	長期貸付金等投資その他の資産に属する債権に対する貸倒見込額を一括して記載する。
Ⅲ　繰　延　資　産	
創　　立　　費	定款等の作成費、株式募集のための広告費等の会社設立費用
開　　業　　費	土地、建物等の賃借料等の会社成立後営業開始までに支出した開業準備のための費用
株 式 交 付 費	株式募集のための広告費、金融機関の取扱手数料等の新株発行又は自己株式の処分のために直接支出した費用

科　　　目	摘　　　　要
社 債 発 行 費	社債募集のための広告費、金融機関の取扱手数料等の社債発行のために直接支出した費用
開　　発　　費	新技術の採用、市場の開拓等のために支出した費用（ただし、経常費の性格をもつものは含まれない。）
〔負 債 の 部〕 I 流 動 負 債	
支 払 手 形	営業取引に基づいて発生した手形債務
工 事 未 払 金	工事費の未払額（工事原価に算入されるべき材料貯蔵品購入代金等を含む。）。ただし、税抜方式を採用する場合も取引に係る消費税額及び地方消費税額を含む。
短 期 借 入 金	決算期後1年以内に返済されると認められる借入金（金融手形を含む。）
未　　払　　金	固定資産購入代金未払金、未払配当金及びその他の未払金で決算期後1年以内に支払われると認められるもの
未 払 費 用	未払給料手当、未払利息等継続的な役務の給付を内容とする契約に基づいて決算期までに提供された役務に対する未払額
未 払 法 人 税 等	法人税、住民税及び事業税の未払額
繰 延 税 金 負 債	税効果会計の適用により負債として計上される金額のうち、次の各号に掲げるものをいう。 1　流動資産に属する資産又は流動負債に属する負債に関連するもの 2　特定の資産又は負債に関連しないもので決算期後1年以内に取り崩されると認められるもの
未 成 工 事 受 入 金	引渡しを完了していない工事についての請負代金の受入高。ただし、長期の未成工事の受入金で工事進行基準によつて完成工事高に含めたものを除く。
預　　り　　金	営業取引に基づいて発生した預り金及び営業外取引に基づいて発生した預り金で決算期後1年以内に返済されるもの又は返済されると認められるもの
前 受 収 益	前受利息、前受賃貸料等
・・・引 当 金	修繕引当金、完成工事補償引当金等の引当金（その設定目的を示す名称を付した科目をもつて記載するこ

科　　目	摘　　要
修　繕　引　当　金	と。） 完成工事高として計上した工事に係る機械等の修繕に対する引当金
完成工事補償引当金	引渡しを完了した工事に係るかし担保に対する引当金
役員賞与引当金	決算日後の株主総会において支給が決定される役員賞与に対する引当金（実質的に確定債務である場合を除く。）
そ　　の　　他	営業外支払手形等決算期後１年以内に支払又は返済されると認められるもので他の流動負債科目に属さないもの
Ⅱ　固　定　負　債	
社　　　　　債	会社法（平成18年法律第86号）第２条第23号の規定によるもの（償還期限が１年以内に到来するものは、流動負債の部に記載すること。）
長　期　借　入　金	流動負債に記載された短期借入金以外の借入金
繰　延　税　金　負　債	税効果会計の適用により負債として計上される金額のうち、流動負債の繰延税金負債として記載されたもの以外のもの
・・・引　当　金	退職給付引当金等の引当金（その設定目的を示す名称を付した科目をもって記載すること。）
（退職給付引当金）	従業員の退職給付に対する引当金）
負　の　の　れ　ん	合併、事業譲渡等により取得した事業の取得原価が、取得した資産及び引き受けた負債に配分された純額を下回る場合の不足額
そ　　の　　他	長期未払金等１年を超える負債で他の固定負債科目に属さないもの
〔純資産の部〕	
Ⅰ　株　主　資　本	
資　　本　　金	会社法第445条第１項及び第２項、第448条並びに第450条の規定によるもの
新株式申込証拠金	申込期日経過後における新株式の申込証拠金
資　本　剰　余　金	
資　本　準　備　金	会社法第445条第３項及び第４項、第447条並びに第451条の規定によるもの

科　目	摘　要
その他資本剰余金	資本剰余金のうち、資本金及び資本準備金の取崩しによつて生ずる剰余金や自己株式の処分差益など資本準備金以外のもの
利 益 剰 余 金	
利 益 準 備 金	会社法第445条第4項及び第451条の規定によるもの
その他利益剰余金	
・・・積立金 （準備金）	株主総会又は取締役会の決議により設定されるもの
繰越利益剰余金	利益剰余金のうち、利益準備金及び・・・積立金（準備金）以外のもの
自 己 株 式	会社が所有する自社の発行済株式
自己株式申込証拠金	申込期日経過後における自己株式の申込証拠金
Ⅱ　評価・換算差額	
その他有価証券評価差額金	時価のあるその他有価証券を期末日時価により評価替えすることにより生じた差額から税効果相当額を控除した残額
繰延ヘッジ損益	繰延ヘッジ処理が適用されるデリバティブ等を評価替えすることにより生じた差額から税効果相当額を控除した残額
土地再評価差額金	土地の再評価に関する法律（平成10年法律第34号）に基づき事業用土地の再評価を行つたことにより生じた差額から税効果相当額を控除した残額
Ⅲ　新株予約権	会社法第2条第21号の規定によるものから同法第255条第1項に定める自己新株予約権の額を控除した残額

損　益　計　算　書

科　目	摘　　要
Ⅰ　売　上　高	
完 成 工 事 高	工事が完成し、その引渡しが完了したものについての最終総請負高（請負高の全部又は一部が確定しないものについては、見積計上による請負高）及び長期の未成工事を工事進行基準により収益に計上する場合における期中出来高相当額。ただし、税抜方式を採用する場合は取引に係る消費税額及び地方消費税額を除く。なお、共同企業体により施工した工事については、共同企業体全体の完成工事高に出資の割合を乗じた額又は分担した工事額を計上する。
兼 業 事 業 売 上 高	建設業以外の事業（以下「兼業事業」という。）を併せて営む場合における当該事業の売上高
Ⅱ　売　上　原　価	
完 成 工 事 原 価	完成工事高として計上したものに対応する工事原価
兼 業 事 業 売 上 原 価	兼業事業売上高として計上したものに対応する兼業事業の売上原価
売上総利益（売上総損失）	売上高から売上原価を控除した額
完 成 工 事 総 利 益（完成工事総損失）	完成工事高から完成工事原価を控除した額
兼 業 事 業 総 利 益（兼業事業総損失）	兼業事業売上高から兼業事業売上原価を控除した額
Ⅲ　販売費及び一般管理費	
役　員　報　酬	取締役、執行役、会計参与又は監査役に対する報酬（役員賞与引当金繰入額を含む。）
従 業 員 給 料 手 当	本店及び支店の従業員等に対する給料、諸手当及び賞与（賞与引当金繰入額を含む。）
退　職　金	役員及び従業員に対する退職金（退職年金掛金を含む。）。ただし、退職給付に係る会計基準を適用する場合には、退職金以外の退職給付費用等の適当な科目により記載すること。なお、いずれの場合においても異常なものを除く。

科　目	摘　要
法定福利費	健康保険、厚生年金保険、労働保険等の保険料の事業主負担額及び児童手当拠出金
福利厚生費	慰安娯楽、貸与被服、医療、慶弔見舞等福利厚生等に要する費用
修繕維持費	建物、機械、装置等の修繕維持費及び倉庫物品の管理費等
事務用品費	事務用消耗品費、固定資産に計上しない事務用備品費、新聞、参考図書等の購入費
通信交通費	通信費、交通費及び旅費
動力用水光熱費	電力、水道、ガス等の費用
調査研究費	技術研究、開発等の費用
広告宣伝費	広告、公告又は宣伝に要する費用
貸倒引当金繰入額	営業取引に基づいて発生した受取手形、完成工事未収入金等の債権に対する貸倒引当金繰入額。ただし、異常なものを除く。
貸倒損失	営業取引に基づいて発生した受取手形、完成工事未収入金等の債権に対する貸倒損失。ただし、異常なものを除く。
交際費	得意先、来客等の接待費、慶弔見舞及び中元歳暮品代等
寄付金	社会福祉団体等に対する寄付
地代家賃	事務所、寮、社宅等の借地借家料
減価償却費	減価償却資産に対する償却額
開発費償却	繰延資産に計上した開発費の償却額
租税公課	事業税（利益に関連する金額を課税標準として課されるものを除く。）、事業所税、不動産取得税、固定資産税等の租税及び道路占用料、身体障害者雇用納付金等の公課
保険料	火災保険その他の損害保険料
雑費	社内打合せ等の費用、諸団体会費並びに他の販売費及び一般管理費の科目に属さない費用
営業利益(営業損失)	売上総利益（売上総損失）から販売費及び一般管理費を控除した額
Ⅳ　営業外収益	
受取利息配当金	次の受取利息、有価証券利息及び受取配当金をいう。

科　　目	摘　　　要
⎧受　取　利　息	預金利息及び未収入金、貸付金等に対する利息。ただし、有価証券利息に属するものを除く。
｜有 価 証 券 利 息	公社債等の利息及びこれに準ずるもの
｜受　取　配　当　金	株式利益配当金（投資信託収益分配金、みなし配当を含む。）
⎩そ　　の　　他	受取利息配当金以外の営業外収益で次のものをいう。
⎧有 価 証 券 売 却 益	売買目的の株式、公社債等の売却による利益
⎩雑　　収　　入	他の営業外収益科目に属さないもの
Ⅴ　営　業　外　費　用	
支　払　利　息	次の支払利息割引料及び社債利息をいう。
⎧支　払　利　息	借入金利息等
⎩社　債　利　息	社債及び新株予約権付社債の支払利息
貸倒引当金繰入額	営業取引以外の取引に基づいて発生した貸付金等の債権に対する貸倒引当金繰入額。ただし、異常なものを除く。
貸　倒　損　失	営業取引以外の取引に基づいて発生した貸付金等の債権に対する貸倒損失。ただし、異常なものを除く。
そ　の　他	支払利息、貸倒引当金繰入額及び貸倒損失以外の営業外費用で次のものをいう。
⎧創 立 費 償 却	繰延資産に計上した創立費の償却額
｜開 業 費 償 却	繰延資産に計上した開業費の償却額
｜株式交付費償却	繰延資産に計上した株式交付費の償却額
｜社債発行費償却	繰延資産に計上した社債発行費の償却額
｜有 価 証 券 売 却 損	売買目的の株式、公社債等の売却による損失
｜有 価 証 券 評 価 損	会社計算規則第5条第3項第1号及び同条第6項の規定により時価を付した場合に生ずる有価証券の評価損
⎩雑　　支　　出	他の営業外費用科目に属さないもの
経常利益（経常損失）	営業利益（営業損失）に営業外収益の合計額と営業外費用の合計額を加減した額
Ⅵ　特　別　利　益	
前 期 損 益 修 正 益	前期以前に計上された損益の修正による利益。ただし、金額が重要でないもの又は毎期経常的に発生するものは、経常利益（経常損失）に含めることができる。

科　目	摘　要
その他	固定資産売却益、投資有価証券売却益、財産受贈益等異常な利益。ただし、金額が重要でないもの又は毎期経常的に発生するものは、経常利益（経常損失）に含めることができる。
Ⅶ　特　別　損　失	
前期損益修正損	前期以前に計上された損益の修正による損失。ただし、金額が重要でないもの又は毎期経常的に発生するものは、経常利益（経常損失）に含めることができる。
その他	固定資産売却損、減損損失、災害による損失、投資有価証券売却損、固定資産圧縮記帳損、異常な原因によるたな卸資産評価損、損害賠償金等異常な損失。ただし、金額が重要でないもの又は毎期経常的に発生するものは、経常利益（経常損失）に含めることができる。
税引前当期純利益（税引前当期純損失）	経常利益（経常損失）に特別利益の合計額と特別損失の合計額を加減した額
法人税、住民税及び事業税	当該事業年度の税引前当期純利益に対する法人税等（法人税、住民税及び利益に関する金額を課税標準として課される事業税をいう。以下同じ。）の額並びに法人税等の更正、決定等による納付税額及び還付税額
法人税等調整額	税効果会計の適用により計上される法人税、住民税及び事業税の調整額
当期純利益（当期純損失）	税引前当期純利益（税引前当期純損失）から法人税、住民税及び事業税を控除し、法人税等調整額を加算した額とする。

完 成 工 事 原 価 報 告 書

科　　　目	摘　　　　要
材　　料　　費	工事のために直接購入した素材、半製品、製品、材料貯蔵品勘定等から振り替えられた材料費（仮設材料の損耗額等を含む。）
労　　務　　費	工事に従事した直接雇用の作業員に対する賃金、給料及び手当等。工種・工程別等の工事の完成を約する契約でその大部分が労務費であるものは、労務費に含めて記載することができる。
（うち労務外注費）	労務費のうち、工種・工程別等の工事の完成を約する契約でその大部分が労務費であるものに基づく支払額
外　　注　　費	工種・工程別等の工事について素材、半製品、製品等を作業とともに提供し、これを完成することを約する契約に基づく支払額。ただし、労務費に含めたものを除く。
経　　　　　費	完成工事について発生し、又は負担すべき材料費、労務費及び外注費以外の費用で、動力用水光熱費、機械等経費、設計費、労務管理費、租税公課、地代家賃、保険料、従業員給料手当、退職金、法定福利費、福利厚生費、事務用品費、通信交通費、交際費、補償費、雑費、出張所等経費配賦額等のもの
（う　ち　人　件　費）	経費のうち従業員給料手当、退職金、法定福利費及び福利厚生費

事 項 索 引

あ

青色申告　223
青色申告者の備え付け帳簿書類　224
青色申告特別控除　225
青色申告の特典　225
預り金　101
圧縮記帳　145
洗替え　77
洗替え法　142

い

1年基準　63、97
1年基準による振替　195
一括償却資産　78
一括評価金銭債権　76
一定の中小企業者に該当する法人　226
一般管理費等　21
一般原則　26
一般に公正妥当と認められる会計処理の基準　35

う

請負金額が確定しない場合の見積計上　124
受取手形　66
受取配当金　138
受取利息　137
受取利息配当金　137
裏書手形　99

え

営業外受取手形　73
営業外支払手形　105
営業外収益　137
営業外費用　139
営業外未収入金　73
営業循環基準　63、97
営業費　5

英米式決算法　198

お

親会社　68
親会社株式　68

か

開業費　96
開業費償却　141
会計監査人　169、181
会計監査人設置会社　56
会計監査人設置会社の特則　177
会計参与設置会社の特則　177
会計帳簿　50
会計方針の変更　167
会社法会計　31
会社法上の財務諸表　56
外注費　151
開発費　97
開発費償却　136
外部提出財務諸表の作成　201
確定決算基準　34
貸倒損失　134、141
貸倒引当金　74、75、94
貸倒引当金繰入額　134、140
貸倒引当金の記載方法　77
貸倒引当金の計上　195
かし担保　103
株式交付費　95
株式交付費償却　141
株主資本　111
株主資本等変動計算書　40
株主資本等変動計算書に関する注記　170
株主資本等変動計算書の概要　157
株主資本の表示方法　158
貨幣性資産　59、60
仮受金　105
仮受消費税　105
仮払金　74

仮払消費税　74
関係会社　70
関係会社株式・関係会社出資金　91
監査報告書の記載事項　213
監査報告書のひな型　206
監査報告の作成方法　207
監査報告の内容　213
監査役　205
監査役会　207
監査役設置会社　56
監査役の監査報告書　205
勘定式　61
完成工事原価　9、128
完成工事原価の見積計算　129
完成工事高　9、124
完成工事補償引当金　11、103
完成工事未収入金　10
完成工事未収入金の計上　192
還付税　232
管理会計　31
関連会社　70
関連当事者　173
関連当事者との取引に関する注記　172

き

機械・運搬具　86
企業会計　30
企業会計原則　26、39
企業結合　158
企業結合・事業分離　219
企業の利害関係者　38
寄付金　135
強制低価法　142
共通費の内訳　19
共同企業体工事の完成工事高の計上方法　124
共同企業体の会計処理　238
共同施工方式の場合　238
協力施工工事における消費税の取扱い　246
協力施工方式の会計処理　240
切放し法　142
金融商品会計基準　67
金融商品取引法　32

金融商品取引法会計　32

く

区分表示の原則　120
組替え　149
組替仕訳　200
繰越試算表の作成　199
繰越試算表の省略　199
繰越利益剰余金　114
繰延資産　94
繰延資産の会計処理に関する当面の取扱い　95
繰延税金資産　71、93
繰延税金資産・繰延税金負債の計上　196
繰延税金負債　100、107
繰延ヘッジ損益　116

け

計算書類の附属明細書　181
継続企業の前提　164
継続性の原則　27
経費　151
軽微な工事　55
決算　189
決算整理記入　192
決算整理事項　192
決算日程　201
決算本手続　189
決算予備手続　189
原価管理　8
原価計算期間　14
原価計算基準　16
原価計算の方法　8
原価差額　129
原価差額の調整　194
原価主義　59
減価償却制度　83
減価償却の方法　81
減価償却費　135
減価償却費の計上　192
減価償却累計額　87
兼業事業　247
兼業事業売上原価報告書　249
現金預金　65

建設仮勘定　87
建設業会計の特色　6
建設業の特長　3
建設業法附属明細表　187
減損失累計額　185
現場経費　21

こ

公開会社の特則　176
工具器具　86
工具器具・備品　86
合計残高試算表　190
合計試算表　190
広告宣伝費　133
交際費　134
合資会社　217
工事完成基準　7
工事契約会計基準　12
工事原価　21
工事原価計算単位　15
工事原価計算の基礎条件　14
工事実行予算　8
工事進行基準　7、125
工事損益計算の単位　125
工事損失引当金　12、104
工事費の内訳　17
工事別計算　24
工事未払金　11、99
控除対象外消費税　233
公正なる会計慣行　32
合同会社　217
合名会社　217
購入による取得　79
個人事業者の財務諸表　221
固定資産　77
固定資産の減価償却　81
固定資産の減価償却の方法　166
固定資産売却益　144
固定資産売却損　146
固定負債　106
個別原価計算　8、21
個別償却　84
個別注記表　40
個別評価金銭債権　76

さ

債権・債務各勘定　236
財産計算の総括　199
財務会計　31
財務諸表　38
財務諸表の体系　39
債務でない引当金　103
材料貯蔵品　69
材料費　149
雑支出　142
雑収入　139
雑費　136
残高試算表　190

し

仕入税　231
JV工事等における消費税の取扱い　242
自家建設・製造による取得　79
時価主義　59
事業主貸勘定　222
事業主借勘定　222
事業主利益　222
事業報告　41
事業報告の一般的記載事項　176
事業報告の定義　175
事業報告の附属明細書　180
自己株式　115
自己株式申込証拠金　115
資産の評価基準および評価方法　166
資産評価の原則　59
試算表の検証機能　191
試算表の作成　190
試算表の種類と様式　190
資産・負債・資本勘定の締切り　198
施設利用権　90
地代家賃　135
実現主義の原則　119
実用新案権　90
使途秘匿金　134
支配に関する基本方針　179
支払手形　98
支払利息　140
資本金　111

資本準備金　113
資本剰余金　112
資本的支出と修繕費　80
資本的支出の実質判定　80
資本的支出の例示　80
資本取引・損益取引区分の原則　27
資本振替手続　198
事務用品費　132
社外役員等を設けた株式会社の特則　176
借地権　89
社債　106
社債発行費　96
社債発行費償却　141
社債利息　140
収益および費用の計上基準　166
収益計上基準　6
収益・費用勘定の締切り　198
従業員預り金　105
従業員給料手当　131
修繕維持費　132
修繕引当金　102
修繕費の例示　81
重要性の原則　27
重要な会計方針　165
重要な会計方針の記載　235
重要な会計方針の注記　126
重要な後発事象　173
取得原価　79
主要簿　44
純資産の部　110
小会社　216
償却原価法　67、220
条件付債務　103
消費税および地方消費税に相当する額の会計処理の方法　167
消費税等の処理　195
消費税の会計処理　231
証憑（証票）　49
商法総則　51
剰余金の配当　158
仕訳帳　45
仕訳帳の締切り　199
新株式申込証拠金　112
新株予約権　117

申告調整　145
真実性の原則　27

せ

正規の償却　84
正規の簿記の原則　27
税金費用　146
税効果会計　36、71
税効果会計に関する注記　171
税込方式　234
精算表の意義　196
製造原価計算　22
税抜方式　231
税法会計　34
税法固有の繰延資産　95
前期損益修正　193
前期損益修正益　144
前期損益修正損　145

そ

総額主義の原則　119、120
総原価　22
総合仮設費　19
総合原価計算　21
総合償却　84
相当の償却　84
創立費　96
創立費償却　141
租税公課　136
その他資本剰余金　113
その他有価証券評価差額金　116
その他利益剰余金　114
ソフトウェア　88、90
損益計算書に関する注記　169
損益計算書の開示原則　120
損益計算書の区分　122
損益計算書の原則　118
損益計算書の作成方法　121
損益の繰延・見越計算　193
損益振替手続　197
損金経理　35

た

対応表示の原則　121
貸借対照表科目分類の原則　61

事項索引 | 311

貸借対照表完全性の原則　58
貸借対照表区分の原則　60
貸借対照表総額主義の原則　60
貸借対照表に関する注記　167
貸借対照表の開示原則　60
貸借対照表の本質　58
貸借対照表配列の原則　61
退職給付制度　107
退職給付引当金　107
退職給付費用　131
退職金　131
立替金　74
建物　85
建物・構築物　85
たな卸表の作成　191
単一性の原則　27
短期貸付金　70
短期借入金　100
短期保証金　74

ち

注記に当たっての留意事項　174
注記表　162
注記表の内容　162
中小企業者等の少額（30万円未満）減価償却資産の取得価額の損金算入の特例　226
中小企業者等の特例　85
中小企業の会計に関する指針　218
中小企業の貸倒引当金の特例　76
長期営業外預り金　109
長期営業外受取手形　93
長期貸付金　91
長期借入金　107
長期従業員預り金　110
長期大規模工事　126
長期前払消費税　94、236
長期前払費用　92
長期未払金　109
長期預金　93
調査研究費　133
帳簿書類の保存　224
直接工事費　18

つ

通信交通費　132
通達による形式的区分基準　81

て

定額法　83
低価主義　59
低価法　142
定率法　83
手形売却損　142
適用基準　126
適用的差異　109
伝票　48
電話加入権　90

と

当期業績主義　118
投資その他の資産　90
投資不動産　93
投資有価証券　91
動力用水光熱費　133
特定監査役　203
特定取締役　203
特別償却　84
特別損失　145
特別利益　144
独立間接控除形式　185
特例有限会社　216、217・
土地　87
土地再評価差額金　116
特許権　88
取締役会設置会社　56
取立不能見込額　75

な

内部利益の除去　128
7つの原則　26

に

任意積立金　114

の

納付税　231
延払基準　7

延払条件付請負工事　127
のれん　89

は

破産更生債権等　76
破産債権、更生債権等　92
8桁精算表の作成手続　197
発生主義の原則　119
販売税　231
販売費及び一般管理費　130
販売費及び一般管理費の明細　186

ひ

引当金について　102
引当金の計上　193
引当金の計上基準　166
引当金の明細　186
非原価項目　16
1株当たり情報　173
備品　86
費目別計算　24
評価・換算差額等　115
評価基準　59、166
評価性引当金　102
評価損の計上　192
評価方法　166
費用収益対応の原則　120
費用性資産　60
費用配分の原則　120

ふ

福利厚生費　132
負債性引当金　103
附属明細書のひな型　182
負ののれん　110
部分完成基準　7、127
部門別計算　24
分担施工方式の場合　239

へ

平成19年度の税制改正　83
別記事業　250
別段の定め　34

ほ

包括主義　118
報告式　61
法人税、住民税および事業税　147
法人税等調整額　147
法定福利費　132
簿記記録と誘導法　200
保険料　136
保守主義（安全性）の原則　27
補助帳簿の締切り　200
補助部門費の収支差額　194
補助部門費の配賦　8
補助簿　45
補助元帳検証表　191

ま

前受金保証料　140
前受収益　102
前払費用　70
前渡金　73

み

未収収益　73
未収消費税　236
未成工事受入金　11、101
未成工事支出金　10、68
未成工事支出金の繰越高　193
未精算勘定の整理　193
未払金　100
未払消費税　236
未払費用　100
未払法人税等　100
未払法人税等の計上　195

む

無形固定資産　88

め

明瞭性の原則　27

も

持分会社　31、217
元帳転記　46
元帳の締切り　197

元帳の締切りと繰越し　199

や

役員賞与引当金　104
役員報酬　130

ゆ

有価証券　66
有価証券売却益　139
有価証券売却損　141
有価証券評価損　141
有価証券利息　138
有形固定資産　78

り

リースにより使用する固定資産の注記　171

利益準備金　113
利益剰余金　113
履行保証費用　152
流動資産　64
流動負債　97
臨時償却　84

れ

連結配当規制適用会社に関する注記　173

ろ

労務費　150

わ

割引手形　99

参考文献一覧

建設工業経営研究会編	平成19年全訂版『建設業会計提要』	建設工業経営研究会編集・発行　平成19年11月
建築工事内訳書標準書式検討委員会制定	平成15年版『建築工事内訳書標準書式・同解説』	(財)建築コスト管理システム研究所・発行　平成16年1月
建設省建設経済局建設振興課監修	『建設業会計概説　1級（原価計算）』	(財)建設業振興基金編集・発行　昭和61年6月
建設省建設経済局建設振興課監修	『建設業会計概説　1級（財務諸表）』	(財)建設業振興基金編集・発行　昭和59年10月
建設省建設経済局建設振興課監修	『建設業会計概説　2級』	(財)建設業振興基金編集・発行　昭和61年11月
建設省建設経済局建設振興課監修	『建設業会計概説　3級』	(財)建設業振興基金編集・発行　昭和62年10月
染谷恭次郎・森藤一男著	『講座財務諸表論』	中央経済社・発行　昭和47年2月
井上達雄他編著	『検定簿記講義1　1級会計学』	中央経済社・発行　昭和59年3月
井上達雄他編著	『検定簿記講義2　1級商業簿記』	中央経済社・発行　昭和59年3月
井上達雄他編著	『検定簿記講義5　2級商業簿記』	中央経済社・発行　昭和59年3月
番場嘉一郎他編著	『検定簿記講義6　2級工業簿記』	中央経済社・発行　昭和59年3月
番場嘉一郎他編著	『検定簿記講義7　3級商業簿記』	中央経済社・発行　昭和59年3月
太田達也著	改訂増補版『新会社法の完全解説』	税務研究会出版局・発行　平成18年6月
郡谷大輔他編著	『会社法の計算詳解』	中央経済社・発行　平成18年9月
郡谷大輔監修	『会社法関係法務省令逐条実務解説』	清文社・発行　平成18年10月

■著者紹介

澤田　保（さわだ・たもつ）

昭和37年	東京大学経済学部卒業
	株式会社大林組入社
昭和61年	公認会計士第3次試験合格
平成4年	公認会計士登録
平成5年	法政大学経営学部
	非常勤講師
平成8年	中建審専門委員
平成11年	民事調停委員
平成14年	税理士登録
現　在	建設工業経営研究会研究員
著　書	『建設業会計提要』（執筆総括）

［全訂版］
わかりやすい建設業の会計実務

平成5年2月5日	第1版第1刷発行
平成8年1月20日	第2版第1刷発行
平成16年7月30日	第3版第1刷発行
平成20年5月2日	第4版第1刷発行
平成20年7月31日	第4版第2刷発行

著　者　澤田　保
編集協力　建設工業経営研究会
発行者　松林久行
発行所　株式会社 大成出版社

〒156-0042　東京都世田谷区羽根木1-7-11
電話　03 (3321) 4131 (代表)
http://www.taisei-shuppan.co.jp/

©2008　澤田　保　　　落丁、乱丁はお取り替えいたします。
ISBN978-4-8028-2804-8

── ◆関連図書◆ ──

[平成19年全訂版]
建 設 業 会 計 提 要
－建設業標準財務諸表
　　作成要領・解説－

実務者の観点から書かれた
建設業会計における
もっとも標準的かつ指導的な解説書。

建設工業経営研究会■編集・発行

Ａ５判・530頁・定価 3,990円（税込）・〒実費